成 本 会 计

主 编 孙文蓉 高 武

合肥工业大学出版社

图书在版编目(CIP)数据

成本会计/孙文蓉,高武主编.—合肥:合肥工业大学出版社,2005.8

ISBN 978-7-81093-226-4

Ⅰ.成… Ⅱ.①孙…②高… Ⅲ.成本会计—高等学校:职业学校—教材 Ⅳ.F234.2

中国版本图书馆CIP数据核字(2005)第091446号

高职高专财经管理类通用教材

编　委　会

（按姓氏笔画排序）

前 言

成本会计是会计专业的主干课程,是会计学科的重要组成部分。本书以基础会计、财务会计为基础,根据《企业会计准则》、《企业财务通则》、《企业会计制度》和《小企业会计制度》以及有关成本管理的相关规定,以教育部制定的关于高职高专人才培养要求为指导,充分考虑到高职高专学生的特点与会计工作和会计实践教学的需要,广泛参考了同类教材的优点编写而成。

在内容上,以成本核算和成本管理为主线,以典型工业企业为例,坚持理论以够用为度的前提,全面系统地阐述了成本会计的基本理论、基本知识和基本技能。在编写过程中,我们力求在教材的内容体系上做到立意新、内容资料全、系统性强,力求体现成本会计基础理论和方法的最新研究成果,也兼顾了教材的稳定性和前瞻性。

本书通俗易懂,简明扼要,配合《成本会计实训教程》使用,能够达到更好的实际动手能力培养的目的,可作为高职高专财会专业的教材,也可供在职会计人员使用。

本书由芜湖职业技术学院孙文蓉和高武任主编,负责大纲的拟订与全书的统稿、总纂和定稿工作。安徽财贸职业学院谢梅花、安徽财经大学张金标和孔海波、巢湖职业技术学院李华兵、安徽工商职业学院沈惠芳、安徽工贸职业技术学院赵俊童和付晓兰等同志参加了本书的编写工作。本书在编写过程中，得到了上述各院校和合肥工业大学出版社疏利民编辑的大力支持，在此一并感谢。

由于此次编写时间紧、任务重，加之编者水平有限，不妥疏漏之处恳请读者批评指正。

编　者

2005 年 7 月 28 日

目　录

第一章　总　论

【学习目标】

通过本章学习，正确把握成本的概念，了解成本的经济内涵和现实意义；理解成本会计的对象、职能和组织；掌握企业生产费用分类的不同方式以及工业企业成本核算的基本要求和一般程序。

第一节　成本及成本会计概述

一、成本的经济含义

成本是一个价值范畴，是商品经济发展的必然结果；它不仅是会计学，也是经济学中的一项重要指标。要学好成本会计，首先要能够正确把握成本这一概念，准确了解产品成本和期间成本的含义，为完成成本会计的学习奠定基础。

（一）产品成本的含义

1. 产品成本的经济内涵

我们所说的成本，通常是指产品成本，即以货币为计量手段来综合反映商品生产中所耗费的物化劳动和活劳动，它构成了商品价值的主体。马克思在《资本论》中曾对商品的成本构成有过精辟的描述："按照资本主义方式生产的每一个商品（W）的价值，用公式来表示是 W

＝C＋V＋M。如果我们从这个产品价值中减去剩余价值M，那么，在商品中剩下的，只是一个在生产要素上耗费的资本价值C＋V的等价物或补偿价值。”接着他又指出：“商品价值的这个部分，即补偿所消耗的生产资料价格和所使用的劳动力价格的部分，只是补偿商品使资本家自身耗费的东西，所以对资本家来说，这就是商品的成本价格。”这里所说的“商品的成本价格”指的就是产品成本，马克思的这一论述，从不同角度描述了产品成本的经济含义。首先，它是一种耗费，是在商品生产过程中消耗的物化劳动和活劳动的总和；其次，它需要补偿，是资本家补偿自身生产耗费的尺度。由此可见，商品成本构成了商品价值的主体，是耗费和补偿的统一。通常我们把由C＋V构成的产品成本，称作“理论成本”。

2. 产品成本的现实意义

企业在产品生产过程中发生的各种生产耗费的总和，就是产品成本。产品成本计算应以理论成本为基础，但在实际工作中，为配合成本管理制度要求，促进企业降低成本，减少耗费，加强经济责任制，提高经济效益，我们在进行实际成本计算时，还需在理论成本的基础上做进一步的调整。一些损失性耗费，比如生产原因发生的废品损失，以及季节性停工、修理期间的停工损失，列入了产品成本；而一些应在利润中开支的项目，如财产的保险费，也列入产品成本之内。由此可见，产品成本的经济内涵，只是一种理论抽象，我们在进行产品成本实际计算时，还需考虑产品成本的现实意义，根据国家成本管理的有关规定，统一成本计算口径，明确哪些费用开支可以列入产品成本，哪些费用开支不能列入产品成本，防止乱挤乱摊成本。

（二）期间成本的含义

期间成本又称期间费用，或称经营管理费用，是指与产品生产活动没有直接关系的耗费，此类耗费难以确认归属对象，通常按期间归集，直接计入当期损益。期间成本包括管理费用、营业费用和财务费用。

(1) 管理费用是指企业为组织和管理企业生产经营所发生的费用，包括企业的董事会和行政管理部门在企业的经营管理中发生的或应由企业统一负担的公司经费、工会经费、待业保险费、劳动保险费、董事会费、业务招待费、房产税、车船使用税、土地使用税、印花税、技术转让费、矿产资源补偿费、无形资产摊销、职工教育经费、研究与开发费等。

(2) 营业费用是指企业在销售商品过程中发生的费用，包括企业销售商品过程中发生的运输费、装卸费、包装费、保险费、展览费和广告费，以及为销售本企业商品而专设的销售机构（含销售网点、售后服务网点等）的职工工资及福利费、类似工资性质的费用、业务费等经营费用。

(3) 财务费用是指企业为筹集生产经营所需资金等而发生的费用，包括应当作为期间费用的利息支出（减利息收入）、汇兑损失（减汇兑收益）以及相关的手续费等。

(三) 成本的一般含义

如前所述，我们已经了解了产品成本和期间成本的含义。除此以外，在不同的环境和要求下，还有着各种不同的成本概念，如变动成本、固定成本、机会成本、沉没成本、重置成本和差别成本等。从以上不同的成本概念中，我们可以抽象出成本的一般含义：成本是指特定的会计主体为了达到一定的目的而发生的可以用货币计量的代价，即成本是费用的对象化。具体包括以下几个方面：①成本必须发生于某一特定的会计主体，以符合会计主体假设；②成本的发生是为了达到一定的目的。生产是人类有目的的活动，如果成本的发生没有明确的目的，则是一种消费；③成本必须是可以用货币计量的，否则就无法进行成本的核算。同时，成本会计亦属于会计，因此应符合会计的货币计量假设。

（四）成本的作用

成本是一项综合性指标，在社会主义市场经济条件下，它有着极其重要的作用。

1. 成本是补偿生产耗费的尺度

为保证再生产的顺利进行，生产中发生的耗费必须从企业自身的销售收入中得到补偿。成本是以货币形式表现的生产耗费，企业补偿多少，应以成本为尺度来进行衡量。只有成本数额得到足额补偿，企业再生产才能正常进行，否则，不但不能为社会创造财富，甚至还会危及企业自身的生存。此外，企业要发展，要进行扩大再生产，除了补偿耗费外，还必须有盈余。盈余的多少，主要取决于成本的高低。因此，成本作为补偿尺度对企业正确计算损益具有重要意义。

2. 成本是综合反映企业工作质量的重要指标

成本同企业生产经营各个方面的工作质量和效果有着内在的联系。如产品设计的水平、原材料的综合使用、劳动生产率的高低、固定资产的利用水平、产品质量高低、费用的节约和浪费、生产管理水平的好坏、部门之间的协调配合等，都能通过成本直接或间接地反映出来。因此，成本是反映企业工作质量的综合指标。

3. 成本是制定产品价格的重要依据

产品价格是其价值的货币表现，制定产品价格应以价值为基础。虽然产品价值较难确定，但却能计算出产品价值中的C＋V，即产品成本，所以，产品成本可以作为制定价格的参考。如果商品的价格低于它的成本，企业生产经营费用就不能全部从商品销售收入中补偿。因此，成本是制定产品价格的一个重要依据。

4. 成本是企业进行决策的重要依据

成本是企业在生产经营活动中发生的各种耗费。成本水平的高低、费用支出的多少，不仅反映企业管理工作质量的优劣，也表明企业经济效益的好坏。因此，成本管理是现代企业管理的重要组成部分，成本问题是企业管理者制定经营决策必须着重考虑的关键问题之一，成本信息亦是必不可少的决策信息。现代企业中，成本愈来愈成为企业管理者进行生产经营预测、决策和分析的重要依据。

二、成本会计概述

成本会计是会计的一个分支，是随着生产的发展和管理的需要而逐步产生和发展起来的，它的起源最早可以追溯到 15 世纪的意大利。当时，随着资本主义生产方式的迅速发展和复式记账的产生，工业簿记中出现了简单的成本计算方法。20 世纪初，西方企业开始普遍施行泰勒的科学管理制度，这个制度"一方面是资产阶级剥削的最巧妙的残酷手段，另一方面是一系列最丰富的科学成就"。随着泰勒制的广泛推行，会计上开始考虑如何与之相配合，"标准成本"、"预算控制"、"差异分析"等同泰勒的科学管理方法直接相关联的技术方法开始引进到会计中来，使成本会计的理论和方法得到进一步完善和发展，使得成本会计从传统的财务会计中脱离出来，形成了相对独立的会计分支体系。20 世纪 50 年代以后，社会经济和科技水平呈飞跃式发展，跨国公司大量涌现，企业规模越来越大，社会分工日趋复杂，企业竞争愈演愈烈。为了能在竞争中占据主动，企业在经营管理中引进了各种现代化的科学技术和方法。同时，在成本会计中，也广泛应用了运筹学、现代数理统计、系统工程、信息技术等各种现代科学技术成就，使成本会计的发展进入了一个新的阶段，形成了以管理为主的现代成本会计。

现代成本会计是成本会计与管理的结合。它根据会计资料和其他有关资料，运用现代科学技术和方法，按照成本最优化的要求，对企业的生产经营活动进行预测、决策、控制、核算、分析和考核，促进企业不断降低成本，提高经济效益。

（一）成本会计的对象

成本会计的对象是成本会计的客体，不同行业成本会计的对象有所区别。工业企业主要从事产品生产，它的产品生产过程同时也是生产的耗费过程，为促进企业降低成本、减少费用、增加利润，应以产品的生产成本和经营管理费用作为成本会计的对象。其他行业应以各行业企业生产经营业务的成本和有关的经营管理费用作为成本会计的对象。

（二）成本会计的职能

成本会计的职能是指成本会计在生产经营管理中的功能。现代成本会计是成本会计和管理的结合，其职能已经渗透到成本管理的各个环节。现代成本会计主要具有七大职能：成本预测、成本决策、成本计划、成本控制、成本核算、成本分析和成本考核。

1. 成本预测

成本预测是根据与成本有关的各种数据和具体情况，运用一定的专门方法，对未来的成本水平及其发展趋势作出科学的估计。

通过成本预测，有助于管理者了解企业成本发展的前景，可以为成本决策、成本计划和成本控制提供及时有效的信息，提高成本管理的科学性和预见性，充分挖掘降低成本费用的潜力。

2. 成本决策

成本决策是在成本预测的基础上，结合其他有关资料，运用一定的方法，从若干个备选方案中选择最优方案，确定目标成本。如工业企业的零部件自制或外购的决策、半成品出售或继续加工的决策、生产批量的决策、存货库存管理的决策等等。

做好成本决策对企业正确制定成本计划、实现成本的事前控制、提高经济效益有着重要意义。

3. 成本计划

成本计划是根据成本决策所确定的目标，具体规定计划期内企业的产品成本和费用水平，并提出保证成本计划顺利实现所应采取的措施。

成本计划是降低成本费用的具体目标，也是进行成本控制、成本分析和成本考核的依据，对加强成本的事前控制、挖掘降低成本的潜力有着重要作用。

4. 成本控制

成本控制是指在生产经营过程中，对成本费用按计划进行审核和控制，将其限定在计划范围之内，防止超支、浪费和损失。

为了便于进行成本控制，应预先制定成本标准和费用限额，将实际发生的费用严格控制在限额范围之内，并要随时揭示和反馈成本差异，为成本分析和成本考核提供依据。

5. 成本核算

成本核算是对生产经营过程中发生的各种费用，按照一定的对象和标准进行归集和分配，以计算各成本计算对象的总成本和单位成本。

成本核算既是对产品实际生产耗费的反映，也是对生产费用实际支出的控制过程。它不仅能分析和考核成本计划的执行情况，揭示生产经营中存在的问题，还可为制定价格提供依据。

6. 成本分析

成本分析是根据成本核算资料和其他有关资料，运用一系列专门方法，揭示影响产品成本变动的各项因素以及各因素变化对成本的影响程度。

成本分析包括全部产品计划完成情况分析、主要产品单位成本分析、主要经济技术指标对产品成本影响的分析、期间成本计划完成情况分析。通过成本分析，可以正确认识成本变动的规律，有利于企业进一步降低成本，并为成本考核和编制新的成本计划提供依据。

7. 成本考核

成本考核是在成本分析的基础上，定期对成本计划的执行结果进行考核和评价。

成本责任的考核应以各责任中心的可控成本为界限，制定责任成本。同时，为了更好地发挥成本考核的作用，考核方法应与一定的奖惩制度结合起来，以充分调动各责任者努力完成责任成本的积极性。

上述成本会计的七项职能互为条件、相辅相成。成本预测是成本决策的前提，成本决策是成本预测的结果；成本计划是成本决策的具体化，成本控制是对实施成本计划的监督；成本核算是成本会计的最基本职能，它提供成本管理所需的成本信息，并检验决策目标能否实现，同时它也为未来进行成本预测和决策提供依据；成本分析和成本考核是保证成本决策和成本计划目标实现的有效手段，通过正确的评价与考核，可以充分调动广大职工参与成本管理、降低成本的积极性。

（三）成本会计工作的组织

为了充分发挥成本会计的职能作用，完成成本会计任务，必须科学地组织成本会计工作。成本会计工作的组织包括设置成本会计机构、配备成本会计人员、制定合理的成本会计制度。

1. 成本会计机构

成本会计机构是直接从事成本会计工作的职能单位。在大中型企业内，一般单独设置成本处或成本科；规模较小的企业，往往在会计科下设成本组，或者指定专人负责成本会计工作。

成本会计机构内部的组织分工，可以按成本会计工作环节设定，如成本预测决策组、成本计划控制组、成本核算组。为了科学组织成本会计工作，还应按照分工建立成本会计岗位责任制，各负其责，明确责任。

企业内部各级成本会计机构之间的分工，有集中和分散两种组织方式。在集中组织方式下，成本会计的一切工作都集中在厂部成本会计机构完成，下属各级成本会计机构一般只负责提供原始资料。这种方式可适当减少核算层次和工作人员，但不便于基层车间掌握和控制成本。在分散组织方式下，成本会计的计划、控制、核算和分析工作，一般由车间成本员完成，厂部成本会计机构负责成本会计的汇总核算和分析考核。分散核算会相应增加成本会计工作的层次和工作人员，但有利于车间基层及时了解成本水平和变化情况，调动基层员工降本增效的积极性。通常大中型企业采用分散组织方式，中小型企业应采用集中组织方式。

2. 成本会计人员

德才兼备的合格成本会计人员，是做好成本会计工作的决定性因素。1996 年财政部发布了《会计基础工作规范》，其中对会计人员的职责权限作出了基本规定。《规范》要求：会计人员在会计工作中应当遵守职业道德，树立良好的职业品质、严谨的工作作风，严守工作纪律，努力提高工作效率和工作质量；会计人员应当热爱本职工作，努力钻研业务，使自己的知识和技能适应所从事工作的要求；会计人员应当熟悉财经法律、法规、规章和国家统一会计制度，并结合会计工作进行广泛宣传；会计人员应当按照会计法律、法规和国家统一会计制度规定的程序和要求进行会计工作，保证所提供的会计信息合法、真实、准确、及时、完整；会计人员办理会计事务应当实事求是、客观公正；会计人员应当熟悉本单位的生产经营和业务管理情况，运用掌握的会计信息和会计方法，为改善单位内部管理、提高经济效益服务；会计人员应当保守本单位的商业秘密。上述规定，对成本会计人员同样适用。

同时，成本会计工作人员应当通过成本会计的各项工作，全方位发挥成本会计的职能，充分挖掘企业降低成本的潜力。以降低成本、提高效益为根本出发点，参与企业生产经营的预测和决策，提出改进生产经营管理的建议，当好企业管理者的参谋。

除了厂部、车间的专职成本会计人员以外，在企业班组中，还有专职或兼职的成本核算员，从事班组经济核算，这是我国多年来行之有效的一种基层管理核算模式。班组核算提供材料消耗定额和工时定额等成本资料，是工人参与成本管理的有效形式，对加强成本责任制、降低成本具有重要作用。

3. 成本会计制度

成本会计制度是组织和从事成本会计工作必须遵循的规范，是企业从事成本会计工作的直接依据。各企业应在会计有关法规制度的指导下，结合本企业生产经营的特点和管理的要求，制定本企业的成本会计制度。一般包括以下几个方面：

(1) 关于成本定额、成本计划的编制方法；

(2) 关于成本核算制度，包括成本计算对象、成本计算方法的确定、成本账户的开设、成本项目的设置、成本核算的流程、生产费用在完工产品和在产品之间分配的方法等；

(3) 关于成本预测和决策制度；

(4) 关于成本控制的制度；

(5) 关于成本分析的制度；

(6) 关于成本报表的制度；

(7) 企业内部价格的制定和结算方法等；

(8) 有关责任会计制度；

(9) 其他有关成本会计制度。

《会计基础工作规范》第九十六条要求："实行成本核算的单位应当建立成本核算制度。"成本会计制度一旦制定，要严格认真地执行。企业成本会计机构和成本会计人员，应在总会计师和会计主管人员的领导下，按照会计法规和成本会计制度的规定，分工协作、互相配合，同时发动全体员工，共同做好成本会计工作，充分发挥成本会计的职能和作用。

第二节 工业企业成本核算的要求和一般程序

一、工业企业成本核算的基本要求

成本核算是成本会计的核心内容。工业企业是在社会经济活动中从事产品生产的企业，它的产品生产过程同时也是生产的耗费过程，并因此形成产品生产成本和经营管理费用。工业企业的成本核算包括产品生产成本核算和经营管理费用核算。为完成成本核算的各项任务，充分发挥成本核算的作用，不断改善企业生产经营管理，产品成本核算工作应注意以下几点要求：

（一）正确划分各种费用界限

企业各项支出，有些可以计入产品成本，有些不能计入产品成本。为了正确核算产品成本，保证成本真实可靠，首先要准确划分各项费用支出的界限。

1. 正确划分生产经营管理费用和非生产经营管理费用的界限

企业的经营活动多种多样，发生的支出各不相同，并不是所有的耗费都能作为生产经营管理费用处理。如购建固定资产、购买无形资产的支出，对外投资支出等，属于资本性支出，应计入相应资产的成本，而不能计入生产经营管理费用。又如，固定资产清理损失、自然灾害和意外事故带来的非正常损失不属于企业日常生产经营活动发生的损失，应作为营业外支出处理，也不能计入生产经营管理费用。

2. 正确划分产品生产费用和经营管理费用界限

计入生产经营管理费用的支出，不能全部计入产品成本。根据费用发生与产品生产之间的关系，可以把企业全部费用分为两大类：一是生产费用，如原材料费用、生产工人的工资、机器设备的折旧费等，它们与产品生产直接或间接有关，最终应计入产品成本；二是经营管理费用，如营业费用、管理费用和财务费用，它们主要为企业提供生产条件，保障生产经营活动能够顺利进行，与产品的生产没有直接关系，所以作为期间费用处理，应直接计入费用发生当期的损益，不能计入产品成本。

3. 正确划分不同时期的费用界限

为了正确计算产品成本，按照权责发生制原则和配比原则，凡应由本期产品成本负担的生产费用，不论是否在本期发生，都应全部计入本期产品成本；不应由本期产品成本负担的生产费用，即使在本期支付，也不能计入本期产品成本。要正确核算待摊费用和预提费用，防止利用费用的待摊和预提，人为地调节成本和损益。

4. 正确划分不同产品的费用界限

产品成本计算，最终要计算出每一种产品的总成本和单位成本。因此，计入本期产品成本的生产费用还应在各种不同产品间进行划分。能直接确定应由某种产品负担的直接生产费用，如直接材料费用、直接人工费用，应直接计入该种产品的成本；由几种产品共同负担，不能直接计入某种产品生产成本的间接生产费用，如制造费用，则应采用适当的分配方法，分配计入不同产品成本。间接生产费用的分配，不能随意进行，一般应遵循“谁受益，谁负担”原则，选择客观的分配标准。

5. 正确划分已完工产品和未完工产品的费用界限

期末计算产品成本时，如果这种产品全部完工，那么归集到该产品上的全部生产费用之和，就是这种产品的完工产品总成本；如果这种产品都未完工，那么该产品的全部生产费用之和，就是这种产品的期末在产品总成本；若这种产品部分完工，则该产品的全部生产费用应采用适当的方法在已完工产品和未完工产品之间进行分配，分别计算完工产品成本和期末在产品成本，防止人为混淆已完工产品和未完工产品的成本界限，保证正确计算完工产品成本。

（二）明确成本开支范围

成本开支范围是国家根据成本的内涵、生产费用的不同性质，同时结合成本管理的要求统一制定的。它明确规定了哪些费用可以计入产品成本，哪些费用不能计入产品成本。企业应严格遵守成本开支范围，认真执行成本开支的有关规定，监督成本开支，控制费用，正确计算产品成本。按规定，工业企业的下列费用开支，可以列入产品成本：

（1）生产经营过程中实际消耗的各种原材料、辅助材料、备品配件、外购半成品、燃料、动力、包装物、低值易耗品的原价和运输、装卸、整理等费用；

（2）固定资产的折旧费、设备修理费；

（3）按国家规定列入成本的职工工资、福利费；

（4）废品的修复费或报废损失，停工期间支付的工资、职工福利费、设备维护费和管理费；

（5）生产车间发生的办公费、差旅费、劳动保护用品费、冬季取暖费、劳动保险费等；

（6）经财政部门审查批准列入成本的其他费用。

1999年颁布的《会计法》第三章“公司、企业会计核算的特别规定”中，第二十六条第三款明确指出公司、企业进行会计核算不得随意改变费用、成本的确认标准或者计量方法，虚列、多列、不列或者少列费用、成本。

（三）做好成本核算的各项基础工作

为保证成本核算的质量，夯实成本管理的基础，企业必须加强定额管理、健全原始记录，严格计算、验收和物资发放盘存制度，制定厂内计划价格，以便做到核算有依据，考核有标准。

1. 做好定额的制定和修订工作，加强定额管理

定额是企业生产经营过程中的消耗限额，是企业编制成本计划，进

行成本核算、成本控制和成本分析的重要基础。定额管理制度是指确定定额制定依据、制定程序、考核方法、奖惩措施的制度。它的主要内容包括：定额管理的范围，如劳动定额、物资定额、成本费用定额、人员定额、工时定额等；制定和修订定额的依据、方法、程序；明确定额的执行、考核、奖惩的具体办法等。凡属原材料、燃料、动力、工具消耗以及工时、设备利用、物资储备、费用开支等都要制定定额。定额制定要根据企业生产技术的现实情况，参照本行业的平均先进水平，既要保证定额的积极先进，有奋斗进取的作用，又要切实可行。定额核定，年度以内基本不变。随着生产技术的改进和企业管理水平的提高，在每年编制计划之前，应对各项定额进行必要的复查和修订。

2. 建立和健全对材料物资的计量、收发、领退和盘点制度

为加强成本核算和成本管理，要建立健全材料物资的计量、收发、领退和盘点制度。计量验收制度是成本核算工作的基础，主要包括：计量检测手段和方法、计量验收管理的要求、计量验收人员的责任和奖惩办法等。具体工作有：添置完备的计量检验设备，配备必要的计量检测人员，严格计量检验，并加强计量设备的维修保养和定期校正，保证计量准确。严格财产、物资收发盘存制度，定期进行盘点，防止大盈大亏一次性处理的不正常现象发生。做好这些工作，不仅是正确计算产品成本的需要，也是保证企业物资财产安全的有效措施。

3. 建立健全各项原始记录工作

原始记录是反映经济业务发生的客观证明。建立健全原始记录，必须根据实际情况设计完整、系统的原始记录，填制完整、准确、真实的原始记录，按规定进行原始记录的传递和归档管理。原始记录不仅是成本核算工作的首要前提，也为成本控制和成本分析提供了客观真实的依据。

4. 做好厂内计划价格的制定和修订工作

厂内计划价格，是指企业内部各部门之间转移产品和提供劳务的价

格。厂内计划价格的制定，是企业实行责任会计制度的需要，是企业管理工作的一项重要内容。正确制定厂内计划价格，有利于明确划分各部门经济责任，充分调动职工的工作积极性，并使企业内部管理者能在分析比较的基础上，做出正确的经营决策。计划价格的制定，有以下几种方式：一是以成本为基础；二是在成本基础上进行加成；三是直接以市场价格作为厂内计划价格。内部价格的制定是否合理、准确，直接关系到成本计算的正确性，同时也是考核内部各部门成本管理工作的依据，因此，必须切合实际。为缩小厂内计划价格与实际成本的差距，企业每年在编制下一年度计划时，应检查修订一次，对差距较大部分编出目录予以调整。

（四）适应生产特点和管理要求，采用适当的成本计算方法

生产费用经过归集分配后，就要计算产品成本。成本计算方法的选择，应当考虑企业生产类型的特点和管理上的要求。企业生产按其组织方式不同，可以分为大量生产、成批生产和单件生产；按其生产工艺过程的特点不同，可分为简单生产和复杂生产，复杂生产又可进一步划分为连续式复杂生产和装配式复杂生产。企业根据自身的生产特点选择相应的成本计算方法。工业企业成本计算的基本方法有：品种法、分批法和分步法。成本计算方法一经确定，不得随意变更。

二、生产费用的分类

为了便于合理地确认和计量生产费用，正确计算产品成本，应采用恰当的方法对生产费用进行分类。对生产费用进行分类有不同的分类标准。

（一）生产费用按经济内容分类

生产费用按经济内容分类所形成的项目，称为生产费用要素，一般由以下九个项目构成：

（1）外购材料：指企业为进行生产而耗用的从外部购入的原材料及

主要材料、半成品、辅助材料、包装物、修理用备件和低值易耗品等。

（2）外购燃料：指企业为进行生产而耗用的从外部购入的各种燃料，包括固体、液体和气体燃料。

（3）外购动力：指企业为进行生产而耗用的从外部购入的各种动力，包括热力、电力和蒸汽等。

（4）工资：指企业所有应计入生产费用的职工工资。

（5）提取的职工福利费：指企业按照工资总额的一定比例计提并计入生产费用的职工福利费。

（6）折旧费：指企业拥有或控制的固定资产折旧费。

（7）利息支出：指企业计入期间费用等的负债利息净支出（即利息支出减利息收入后的余额）。

（8）税金：指计入企业成本费用的各种税金，如印花税、车船使用税等。

（9）其他费用：指不属于以上各费用要素的费用。

生产费用按经济内容分类，可以反映企业在一定时期内发生了哪些生产费用，金额各是多少，以便于分析企业各个时期各种费用占整个费用的比重，进而分析企业各个时期各种要素费用支出的水平，有利于考核费用计划的执行情况。

（二）生产费用按经济用途分类

生产费用按其经济用途划分所形成的项目，称为成本项目，它反映了生产支出的用途和产品成本的构成情况。成本项目的划分，应考虑管理上的要求，通常分为以下三类：

（1）直接材料：指企业在产品生产过程中所消耗的、直接用于产品生产并构成产品实体的原料及主要材料、外购件、备品配件、辅助材料等。

（2）直接人工：指企业在产品生产过程中直接从事产品生产的工人工资以及按生产工人工资总额和规定的比例计提的职工福利费。

(3) 制造费用：指企业在产品生产过程中发生的各项间接生产费用，包括车间管理人员的工资及福利费、固定资产折旧费、修理费、水电费、机物料消耗等。

企业可以根据自身生产特点和成本管理的要求，对上述成本项目进行调整。对于成本管理上需单独反映和控制的费用，以及某项占总费用的比重较大的费用，要专设成本项目。如某企业直接用于产品生产的燃料和动力费用较高时，可增设“燃料及动力”成本项目；当企业废品损失和停工损失较大，需单独核算废品损失和停工损失时，可增设“废品损失”、“停工损失”成本项目。

按经济用途将生产费用进行分类，可以了解产品成本的具体构成，有利于企业控制成本费用支出，加强成本管理和成本分析。除上述两种分类方法外，根据各生产费用与产品成本形成的关系不同，还可分为直接生产费用和间接生产费用。一般情况下，直接生产费用包括直接材料费用、直接人工费用；间接生产费用通常指制造费用。

三、成本核算的一般程序和主要会计科目

(一) 成本核算的一般程序

成本核算的一般程序包括：

(1) 对费用进行确认，确定产品成本的核算范围；

(2) 将应计入本期产品成本的各项费用要素，在各种产品之间按照成本项目进行归集和分配，计算出各种产品成本；

(3) 若本期产品部分完工，需在完工产品和期末在产品之间分配生产费用，计算该种完工产品成本；

(4) 结转已完工产品的成本。

(二) 成本核算的主要会计科目

为核算企业生产经营过程中发生的各项生产费用，应设置“生产成

本”和“制造费用”等会计科目。

1.“生产成本”科目

本科目核算企业进行工业性生产所发生的多项生产费用，包括生产各种产品、自制半成品、自制材料、自制设备和提供劳务等所发生的各项费用及其成本。其借方登记生产过程中发生的直接材料、直接人工等直接生产费用以及分配转入的制造费用，贷方登记完工入库的产成品的实际成本和分配转出的辅助生产费用。该科目期末余额在借方，反映尚未完工的各项在产品成本。

“生产成本”科目应设置“基本生产成本”和“辅助生产成本”两个明细科目进行明细核算。基本生产是指为完成企业主要生产目的而进行的工业性生产，“基本生产成本”明细科目归集基本生产发生的各种生产费用，计算基本生产产品成本；辅助生产是指为基本生产服务而进行的产品生产和劳务供应，“辅助生产成本”明细科目核算辅助生产发生的各项生产费用。“生产成本”科目应当分别按照基本生产车间和成本核算对象（如产品的品种、类别、订单、批别、生产阶段等）设置明细账（或成本计算单），并按规定的成本项目设置专栏，进行明细核算。“生产成本”明细账的格式如表1－1所示。

表1－1　　基本生产成本明细账

车间：××车间　　产品：甲　　单位：元

月	日	摘要	产量（千克）	成本项目			合计
				直接材料	直接人工	制造费用	
5	1	月初在产品成本		1 020	830	570	2 420
5	31	本月生产费用		25 900	21 000	13 400	60 300
5	31	生产费用合计		26 920	21 830	13 970	62 720
5	31	本月完工产品成本	100	24 500	19 800	12 570	56 870
5	31	月末在产品成本		2 420	2 030	1 400	5 850

2.“制造费用”科目

本科目核算企业为产品生产和提供劳务而发生的各项间接费用，或虽直接用于产品生产，但没有专设成本项目的各项费用，包括工资和福利费、折旧费、修理费、办公费、水电费、机物料消耗、劳动保护费等。本科目借方登记企业发生的制造费用，贷方登记分配计入有关成本核算对象的制造费用。企业行政管理部门为组织和管理生产经营活动而发生的管理费用，应当作为期间费用，计入“管理费用”科目，不在“制造费用”中核算。除季节性生产企业外，本科目月末一般应无余额。

本科目应按不同的车间、部门设立明细账，按费用项目分设专栏，进行明细核算，分别反映各车间、部门各项制造费用的发生情况。制造费用明细账的格式如表 1-2 所示。

表 1-2 维修车间制造费用明细账

2004 年 5 月 单位：元

月	日	摘要	工资和福利费	折旧费	修理费	办公费	水电费	机物料消耗	劳动保护费	其他费	合计
5	31	材料费用						230	180		410
5	31	人工费用	1 120								1 120
5	31	其他费用		560		370	145				1 075
		合计	1 120	560		370	145	230	180		2 605

（三）成本总分类核算的账务处理程序

成本总分类核算的账务处理程序如图 1-1 所示。

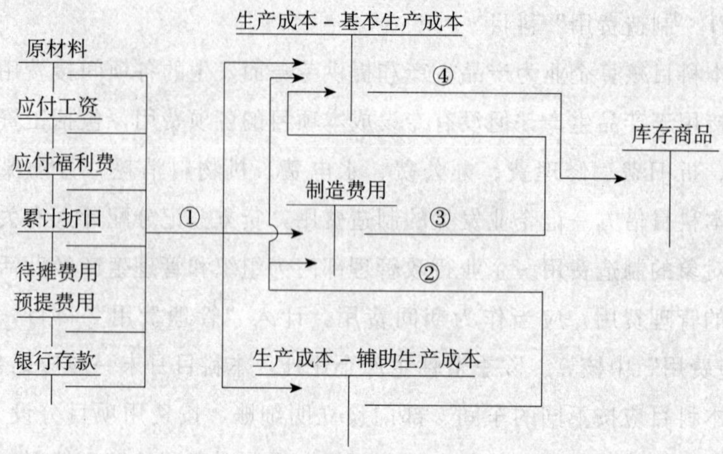

图1－1　成本总分类核算的账务处理程序

(1) 根据各项费用分配表登记各基本生产成本明细账、辅助生产成本明细账以及制造费用明细账；

(2) 分配辅助生产费用，转入基本生产成本、制造费用明细账；

(3) 期末结转制造费用，转入“基本生产成本”明细账，以计算产品成本；

(4) 结转本月完工产品成本。

【本章小结】

本章主要介绍成本及成本会计的基本概念和理论。

产品成本是指以货币为计量手段来综合反映商品生产中所耗费的物化劳动和活劳动，通常我们把由C＋V构成的产品成本，称作“理论成本”。在实际工作中，为配合成本管理制度要求，促进企业降低成本，减少耗费，加强经济责任制，提高经济效益，我们在进行实际成本计算时，还需在理论成本的基础上进行进一步调整。成本是一项综合性指标，在社会主义市场经济条件下，它有着极其重要的作用。

现代成本会计是成本会计与管理的结合，它根据会计资料和其他有关资料，运用现代科学技术和方法，按照成本最优化的要求，对企业的生产经营活动进行预测、决策、控制、核算、分析和考核，促进企业不断降低成本，提高经济效益。

要正确进行成本核算，首先必须正确划分各种费用界限，其次明确成本开支范围，再次做好成本核算的各项基础工作，最后采用适当的成本计算方法。为核算企业生产经营过程中发生的各项生产费用，应设置“生产成本”和“制造费用”等会计科目。

【复习思考题】

1. 什么是产品成本？如何理解理论成本和现实成本？
2. 什么是现代成本会计？它具有哪些基本职能？各项职能之间的关系如何？
3. 如何建立成本会计的工作组织？
4. 正确进行成本核算，要注意划清哪些费用支出的界限？为什么？
5. 如何确定成本开支范围？
6. 要正确进行成本核算，需做好哪些基础工作？
7. 什么是生产费用要素，如何划分？什么是成本项目，如何分类？
8. 简单介绍成本核算的一般程序。
9. 请介绍进行成本核算的会计科目体系设置。

第二章　生产费用要素的归集和分配

【学习目标】

通过本章学习，掌握材料费用、工资费用以及其他主要生产费用的归集和分配方法。掌握直接材料费用的定额消耗量比例分配法和定额费用比例分配法；了解工资总额的组成和工资费用的计算，掌握工资费用分配的一般方法。

第一节　材料费用的归集和分配

一、材料费用概述

产品生产过程也是材料的耗用过程，根据材料消耗的用途不同，可分为直接材料费用和间接材料费用。它们计入成本的程序和方式有所不同。直接材料费用是指企业直接用于产品生产，构成产品实体的原料及主要材料、外购件、备品配件、辅助材料等，通常可以直接计入某一产品成本，并在该产品成本中以“直接材料”成本项目反映。间接材料费用是指为组织管理生产，或为保证生产正常进行而耗用的各种辅助材料等，也称机物料消耗。间接材料不能直接计入某一产品成本，而是按材料发生地点先归集到制造费用项目中，期末和其他制造费用一起分配计入某一产品的成本，并在该产品成本的“制造费用”成本项目中列示。

根据会计的重要性原则，对于一些价值较低的直接材料费用，如一些催化剂、染色剂等辅助材料，如果它们在产品成本中所占比重较轻，且不易直接分清受益对象，为简化成本核算，可将这些直接材料作为间接材料费用处理，即通过“制造费用”科目进行核算。

材料费用在产品成本中占有很大比重，该项费用核算正确与否，直接影响产品成本核算的正确性。本节主要讨论直接材料费用的核算，包括直接材料费用的归集和分配。有关间接材料费用的核算，留待“制造费用”一章中再行介绍。

二、材料费用的归集

（一）做好归集材料费用的各项基础工作

材料费用的归集，是进行材料费用分配的基础和前提，它要求正确计算产品生产耗用材料的数量和成本，主要包括以下几个方面的工作：

1. 建立健全领发料的凭证手续

记录生产中材料消耗的原始凭证有：“领料单”、“限额领料单”、“领料登记簿”。

领料单是一次凭证，每领一次材料填写一份，适用于难以用定额控制和不经常领用的材料领发时采用。领料单可以一单一料，也可以一单多料，由领料单位填写，一式三联。其中一联留领料单位备查，其余两联一联留发料仓库登记材料明细账，另一联送财会部门进行材料收发和生产费用的核算。领料单的格式如表 2-1 所示。

限额领料单是对经常领用并有消耗定额的材料采用的一种领料凭证。它是一种可多次使用的累计凭证，只要在有效期间内（通常为一个月），可以连续领料。限额领料单由生产计划部门或供应部门根据生产计划、材料消耗定额等有关资料事先核定并编制。单中填明领料单位、材料用途、领料限额，是一种能有效控制材料消耗的领料形式。限额领料单一式两联，一联送交领料单位，一联留发料仓库，分别作为当月领发料的依据。限额领料单的格式如表 2-2 所示。

表 2-1　　　　长江企业领料单

领料单位：基本生产车间　　　　　　　　　　编号：3048
用　　途：制造甲产品　　2004 年 5 月 3 日　　发料仓库：3 号库

材料类别	材料编号	材料名称及规格	计量单位	数量		单价	金额（元）
				请领	实发		
型钢	002	20m/m	千克	800	800	5.20	4 160
备注	合计						4 160

主管（签章）石海　记账（签章）卫金　发料人（签章）王雷　领料人（签章）高青

表 2-2　　　　长江企业限额领料单

2004 年 5 月　　　　　　　　编号：2345

领料单位：辅助生产车间　　用途：生产工具　　计划产量：5 000 件
材料编号：102045　　名称规格：16m/m 圆钢　　计量单位：千克
单价：4.00 元　　消耗定量：0.2 千克/件　　领用限额：1 000 千克

2004 年		请领		实发				限额结余
月	日	数量	领料单位负责人	数量	累计	发料人	领料人	
5	5	200	张勇	200	200	李杰	王心	800
5	10	100	张勇	100	300	李杰	王心	700
5	15	300	张勇	300	600	李杰	王心	400
5	20	100	张勇	100	700	李杰	王心	300
5	25	150	张勇	150	850	李杰	王心	150
5	31	100	张勇	100	950	李杰	王心	50

累计实发金额（大写）叁仟捌佰元整　　　　¥3 800

供应生产部门负责人（签章）洪峰　　生产计划部门负责人（签章）李凯　　仓库负责人（签章）司平

对一些经常领用的、价值不大的消耗性材料，平时可以不填领料单，由领料人在领料登记簿上进行登记。每一领料单位每月对于同种材料的多次领取，只需填写一份领料登记簿。领料登记簿是为了减少领发料凭证的数量，简化凭证填制和审批手续而采用的领料凭证。领料单位领料时，应在登记簿中填明领料日期、本次领料数量和累计领料数量。

领料部门应建立健全领发料的凭证手续，月末根据领料凭证汇总计算本月领用材料的数量。月末如果这些材料全部被耗用，则本月所领用的材料就是本月所消耗的材料；若月末有剩余材料，为正确计算本月消耗材料的数量，应办理退料手续，填制“退料单”或红字填写“领料单”，将材料退回仓库。对于下月需继续使用的材料，可以办理“假退料”手续，即填制本月的“退料单”和下月的“领料单”，交仓库办理领、退手续，材料实物并不退回仓库。

2. 正确确定消耗材料的数量

确定发出材料的数量有两种方法：永续盘存制和实地盘存制。

永续盘存制也称账面盘存制，即按材料的品种规格设置材料明细账，逐笔登记材料收发数量，因而可以随时从账面上了解每种材料收、发、存的数量。采用此种方法可加强对材料收发的日常管理和控制。

实地盘存制是在期末通过实地盘点来确定材料发出的数量。采用实地盘存制，不能揭示材料管理中存在的问题，而且它所提供的材料发出数量也不够准确，所以一般用于数量较大、价值较低、进出频繁的材料核算。实地盘存制根据以下公式计算材料消耗量：

材料消耗量＝期初材料结存数量＋本期收入材料数量－期末材料结存数量

（二）计算发出材料的成本

要正确计算发出材料的成本，需要解决两个问题：

1. 要正确计算材料的取得成本

发出材料成本由其取得成本决定。企业获取的材料，除部分自制外，绝大部分由外购取得。外购材料的实际成本，一般包括以下内容：①材料买价，即发票价格（不包括增值税）；②运杂费，即材料运抵企业所发生的各种费用，如运输费、装卸费、保险费等；③运输途中的合理损耗，即材料在定额范围内的损耗；④入库前的挑选整理费用。上述四部分构成了外购材料的实际取得成本。

2. 要确定材料日常核算的计价方式

材料成本的计价方式有两种：实际成本计价和计划成本计价。

实际成本计价法以材料的实际成本为计价原则，发出材料的成本应以取得该种材料时的实际支出为准。由于材料取得的来源和时间各不相同，即使是同种材料，其实际成本也可能不一致，因此实际工作中我们基于不同的成本流转假设，采用不同方法，如先进先出法、后进先出法、加权平均法、移动平均法、个别计价法等计算发出材料的成本。

如果采用计划成本计价法进行材料收发的日常核算，则材料的收发凭证和材料明细账中的收入、发出金额都应按计划成本进行登记。为此，要合理制定材料的计划成本，正确计算材料成本差异，期末调整计算发出材料和月末库存材料的实际成本。

三、材料费用的分配

材料费用的分配，根据领发料凭证，按照材料的具体用途进行：直接用于产品生产的材料费用，应计入各种产品成本；用于产品销售的材料费用，计入“营业费用”；用于组织和管理生产的材料费用，计入“管理费用”；用于购建固定资产的材料费用，计入“在建工程”。

以下将主要介绍直接材料费用的分配，即应计入产品成本的直接材料费用如何在不同产品之间进行分配。直接用于产品生产、构成产品实体的原料和主要材料，如纺织用原棉、机械制造用钢材等，一般分产品领用，这部分材料费用属于直接计入费用，应根据有关领发料凭证直接计入某种产品成本的“直接材料”成本项目。也有的原材料不能分产品领用，而是由几种产品共同耗用，如一些造纸原料、化工原料，它们属于间接计入费用，由于不能直接分清各受益对象，应采用适当的分配方法，分配计入各有关产品成本的“直接材料”成本项目。

分配材料费用时，应根据不同材料消耗的特点，选择不同的分配标准。常见的分配标准有产品的产量、重量、体积和材料的定额消耗量或定额费用。在这里，我们主要介绍定额消耗量比例分配法和定额费用比例分配法。

（一）定额消耗量比例分配法

定额消耗量比例分配法是在各项定额资料比较健全的企业，按各种产品的材料定额消耗量的比例分配材料费用的一种方法。

单位产品可以消耗的材料数量限额，叫做材料消耗定额；一定产量下按照消耗定额计算的可以消耗的材料数量，即材料的定额消耗量。定额消耗量与消耗定额之间存在下列关系：

材料定额消耗量＝产量×材料消耗定额

根据不同产品的材料定额消耗量，可以分别计算各产品应负担的材料费用。

首先，根据事先制定的材料消耗定额，计算各产品的材料定额消耗量：

$$\text{某产品材料定额消耗量}=\text{该种产品实际产量}\times\text{单位产品材料消耗定额}$$

其次，计算材料定额消耗量分配率：

$$\text{材料定额消耗量分配率}=\frac{\text{材料实际总耗用量}}{\text{各种产品材料定额耗用量之和}}$$

第三，计算各产品耗用材料的实际数量：

$$\text{某产品耗用材料的实际数量}=\text{该产品材料定额消耗量}\times\text{材料定额消耗量分配率}$$

最后，计算各产品应负担的实际材料费用：

$$\text{某产品应分配的材料费用}=\text{该产品耗用材料的实际数量}\times\text{材料单价}$$

【例 2－1】 天柱公司生产甲、乙、丙三种产品，共同领用某种原材料 3 036 千克，每千克单价 30 元。实际生产甲产品 300 件，每件消耗定额 5 千克；实际生产乙产品 120 件，每件消耗定额 7 千克；实际生产丙产品 100 件，每件消耗定额 3 千克。要求：采用定额消耗量比例分配法计算各产品应分配的材料费用。

材料费用分配如下：

(1) 计算各产品的材料定额消耗量：

甲产品材料定额消耗量＝300×5＝1 500（千克）

乙产品材料定额消耗量＝120×7＝840（千克）

丙产品材料定额消耗量＝100×3＝300（千克）

(2) 计算材料定额消耗量分配率：

$$\text{材料定额消耗量分配率}=\frac{3\,036}{1\,500+840+300}=1.15\text{（元/千克）}$$

(3) 计算各产品耗用材料的实际数量：

甲产品耗用材料的实际数量＝1 500×1.15 ＝1 725（千克）

乙产品耗用材料的实际数量＝840×1.15＝966（千克）

丙产品耗用材料的实际数量＝300×1.15＝345（千克）

(4) 计算各产品应分配的实际材料费用：

甲产品应分配的实际材料费用＝1 725×30＝51 750（元）

乙产品应分配的实际材料费用＝966×30＝28 980（元）

丙产品应分配的实际材料费用＝345×30＝10 350（元）

定额消耗量比例分配法先分配材料实际消耗量，再计算实际耗用的材料费用，可以考核材料消耗定额的执行情况，有利于成本控制。企业也可采用简化的计算方法，即计算材料费用的定额消耗量分配率，然后直接分配材料费用。计算公式如下：

$$\text{某产品材料定额消耗量}=\text{该种产品实际产量}\times\text{单位产品材料消耗定额}$$

$$\text{材料费用定额消耗量分配率}=\frac{\text{材料实际总耗用量}\times\text{材料单价}}{\text{各种产品材料定额耗用量之和}}$$

$$\text{某产品应分配的材料费用}=\text{该产品材料定额消耗量}\times\text{材料费用定额消耗量分配率}$$

【例 2－2】 沿用例 2－1 资料，重新计算如下：

(1) 计算各产品的材料定额消耗量：

甲产品材料定额消耗量＝300×5＝1 500（千克）

乙产品材料定额消耗量＝120×7＝840（千克）

丙产品材料定额消耗量＝100×3＝300（千克）

(2) 计算材料费用的定额消耗量分配率：

$$\text{材料费用定额消耗量分配率}=\frac{3\ 036\times30}{1\ 500+840+300}=34.5\text{（元/千克）}$$

(3) 计算各产品应分配的实际材料费用：

甲产品应分配的实际材料费用＝1 500×34.5＝51 750（元）

乙产品应分配的实际材料费用＝840×34.5＝28 980（元）

丙产品应分配的实际材料费用＝300×34.5＝10 350（元）

当几种产品共同耗用多种原材料时，采用定额消耗量比例分配法，很难进行共同耗用材料费用的分配，这时可以考虑采用定额费用比例分配法。

(二) 定额费用比例分配法

消耗定额的货币表现，称为费用定额；定额消耗量的货币表现，称为定额费用。根据各种材料的定额费用比例分配材料费用的方法，即为定额费用比例分配法。计算公式如下：

$$某产品材料定额费用=该种产品实际产量\times单位产品材料费用定额$$

$$材料定额费用分配率=\frac{材料实际费用总额}{各种产品材料定额费用总额}$$

$$某产品应分配的材料费用=该产品材料定额费用\times材料定额费用分配率$$

【例 2－3】 长江企业生产甲、乙两种产品，共耗用 A、B 两种原料。耗用 A 材料 3 000 千克，每千克 10 元；耗用 B 材料 4 800 千克，每千克 12 元。实际生产甲产品 450 件，单位产品材料费用定额 110 元；实际生产乙产品 150 件，单位产品材料费用定额 224.8 元。要求：采用定额费用比例分配法计算各产品应分配的材料费用。

材料费用分配如下：

(1) 计算各产品的材料定额费用：

甲产品材料定额费用＝450×110＝49 500（元）

乙产品材料定额费用＝150×224.8＝33 720（元）

(2) 计算材料定额费用分配率：

$$材料定额费用分配率=\frac{3\,000\times10+4\,800\times12}{49\,500+33\,720}=1.052\,6$$

(3) 计算各产品应分配的实际材料费用：

甲产品应分配的实际材料费用＝49 500×1.052 6＝52 105（元）

乙产品应分配的实际材料费用＝33 720×1.052 6＝35 495（元）

四、材料费用分配的账务处理

在实际工作中，材料费用分配是通过编制材料费用分配表进行的。分配表根据领发料凭证和其他有关资料编制，分为“材料费用分配明细表”和“材料费用分配汇总表”。“材料费用分配明细表”由车间、部门分别编制，列示材料耗用的详细信息；“材料费用分配汇总表”通常在期末，由财务部门根据各车间、部门的“材料费用分配明细表”汇总编制，其格式如表 2-3 所示。

表 2-3　　材料费用分配汇总表

长江企业　　2004 年 5 月

分配项目		直接计入	分配计入	材料费用合计
基本生产成本	甲产品	85 000	43 200	128 200
	乙产品	68 400	29 000	97 400
	小计	153 400	72 200	225 600
辅助生产成本	机修车间	11 900		11 900
制造费用	基本生产车间	7 960		7 960
管理费用		4 150		4 150
合计		177 410	72 200	249 610

【例 2-4】 根据上述材料费用分配汇总表，编制会计分录如下：

借：生产成本——基本生产成本　225 600

　　　　　　——辅助生产成本　11 900

　　制造费用　7 960

　　管理费用　4 150

贷：原材料　249 610

第二节 工资费用的归集和分配

工资费用指企业支付给职工的工资和按照工资总额的一定比例计提的职工福利费。进行工资费用的核算，应审核企业的各项工资支出是否符合国家关于工资总额组成的规定，根据企业计划的工资总额控制工资支出，以便正确核算工资费用。

一、工资总额的组成

工资总额是指各单位在一定时期内直接支付给本单位全部职工的劳动报酬总额，应以直接支付给职工的全部劳动报酬为计算根据。按照国家统计局规定，工资总额由下列六个部分组成：

（一）计时工资

计时工资是指按计时工资标准和工作时间支付给职工个人的劳动报酬。包括：①对已做工作按计时工资标准支付的工资；②实行结构工资制的单位支付给职工的基础工资和职务（岗位）工资；③新参加工作职工的见习工资（学徒的生活费）；④运动员体育津贴。

（二）计件工资

计件工资是指对已做工作按计件单价支付的劳动报酬。包括：①实行超额累进计件、直接无限计件、限额计件、超定额计件等工资制，按劳动部门或主管部门批准的定额和计件单价支付给个人的工资；②按工作任务包干方法支付给个人的工资；③按营业额提成或利润提成办法支付给个人的工资。

（三）奖金

奖金是指支付给职工的超额劳动报酬和增收节支的劳动报酬。包括：①生产奖；②节约奖；③劳动竞赛奖；④机关、事业单位的奖励工资；⑤其他奖金。

（四）津贴和补贴

津贴和补贴是指为了补偿职工特殊或额外的劳动消耗和因其他特殊原因支付给职工的津贴，以及为了保证职工工资水平不受物价影响支付给职工的物价补贴。津贴包括：补偿职工特殊或额外劳动消耗的津贴，保健性津贴，技术性津贴，年功性津贴及其他津贴。补贴主要包括为保证职工工资水平不受物价上涨或变动影响而支付的各种物价补贴。

（五）加班加点工资

加班加点工资是指按规定支付的加班工资和加点工资。

（六）特殊情况下支付的工资

特殊情况下支付的工资。包括：①根据国家法律、法规和政策规定，因病、工伤、产假、计划生育假、婚丧假、事假、探亲假、定期休假、停工学习、执行国家或社会义务等原因按计时工资标准或计时工资标准的一定比例支付的工资；②附加工资、保留工资。

进行工资费用核算时，应注意划清工资总额与非工资总额的界限。下列各项不列入工资总额的范围：（1）根据国务院发布的有关规定颁发的发明创造奖、自然科学奖、科学技术进步奖和支付的合理化建议和技术改进奖以及支付给运动员、教练员的奖金；（2）有关劳动保险和职工福利方面的各项费用；（3）有关离休、退休、退职人员待遇的各项支出；（4）劳动保护的各项支出；（5）出差伙食补助费、误餐补助、调动工作的差旅费和安家费；（6）国家规定的其他支出。

二、工资费用核算的原始记录

进行工资费用核算，必须有一定的原始记录作为依据，不同的工资制度依据的原始记录不同。计算计时工资费用，应以考勤记录为依据；计算计件工资费用，应以有关的产量工时记录作为依据。

（一）考勤记录

考勤记录是登记职工出勤、缺勤和工作时间情况的原始记录。认真做好考勤记录，不仅可以为正确计算计时工资提供依据，而且对于加强劳动管理，提高出勤率，强化劳动纪律，从而进一步提高劳动生产率，都有着重要意义。

企业可以按车间、部门配备专职考勤人员，也可以在车间、部门内，由小组某一职工兼职考勤工作。考勤记录一般采用考勤簿形式，也可采用其他考勤方法，如考勤钟、考勤号牌、考勤卡片等。月终，考勤人员应将经部门负责人检查、签章后的考勤记录，连同有关原始证明资料送交工资核算部门，据以计算工资。考勤簿的格式如表 2-4 所示。

表 2-4　　　　　　　　　**考勤簿**

2004 年×月

车间或部门：　　　　　　　生产小组：　　　　　　　考勤员：

顺序号	职工编号	姓名	职务或工种	工资等级	考勤记录							出勤合计			缺勤合计					备注
					1日	2日	3日	4日	……	30日	31日	日班	加班	迟到早退	病假	事假	探亲假	公休假	旷工	

（二）产量工时记录

产量工时记录是登记工人或生产小组在出勤时间内完成的产量和耗用工时的原始记录，通常有工作通知单、工序进程单、工作班产量报告、产量通知单和产量明细表等，它的内容主要有产品、作业或订单的名称和编号，所用机器设备的名称和编号，生产产品所用工时，完成产品的数量和质量，即完成合格品和废品的数量等。在计件工资形式下，还应包括产品的计件单价、完工合格品的计件工资。

工作通知单也称派工单，用以向每个生产工人或生产班组分派生产任务。当任务完成后，在工作通知单中记录产量和工时。其格式如表 2-5所示。

工序进程单也称工序单，它以生产产品为对象，按照产品生产工艺流程，顺序登记各工序的实际产量和工时，以及工序间零件的交接数量，具有较强的监督和控制作用。工作班产量报告也称班报告，按生产班组开设，反映工作班内完成产品的数量和耗用的工时。通常，工作班产量报告和工序进程单结合起来使用，可满足班组计算工资和统计产量的需要。

表 2－5　　部门生产工作通知单

年　　月　　日　　　　编号：

制造部门：

工令号码	制品名称	数量	使用原料	机速	使用模具	预计生产时间	实际产量	耗用时间

厂长　　　　　　　审核　　　　　　　填表

上述产量工时记录所提供的资料，不仅可以用来计算计件工资，而且也是监督生产作业计划和工时定额执行情况的有效依据，从而可以进一步考核企业劳动力生产水平。因而，每一企业除了做好各单位的考勤记录外，在生产车间还应做好产量工时记录。

三、工资的计算

工资的计算是工资费用归集的基础，它反映了企业与职工之间的工资结算关系。按照规定，工资总额包括计时工资、计件工资、奖金、津贴和补贴、加班加点工资、特殊情况下支付的工资等六个部分。

（一）计时工资

计时工资是指按计时工资标准和工作时间支付给职工个人的劳动报酬，按考勤记录和规定的工资标准计算。根据采用的工资标准不同有两种方法：日薪制和月薪制。

1. 日薪制

日薪制是按职工的日标准工资和实际出勤日数来计算工资，它有助于正确计算职工的工资费用。即：

应付计时工资 ＝出勤日数×日标准工资

在实际工作中，由于每月实际工作天数、职工出勤日数不尽相同，所以每个月份都需重新计算，工作量较大。通常，企业固定职工工资不采用日薪制，临时工的计时工资按日薪制计算发放。

2. 月薪制

月薪制是按职工的月标准工资和出勤、缺勤日数来计算的工资，企业固定职工的计时工资一般按月薪制计算。采用月薪制计算应付工资，不论各月日历天数多少，每月标准工资相同。为了按照职工出勤或缺勤实际情况计算工资，应首先根据月标准工资计算日工资，然后根据出勤日数直接计算，或者依据缺勤日数扣除计算。即：

应付计时工资 ＝出勤日数×日工资

或：

应付计时工资 ＝月标准工资－缺勤日数×日工资

采用月薪制计算工资，由于每月日历天数不同，有的月份 30 天，有的月份 31 天，2 月份只有 28 或 29 天，因而同一职工各月日工资并不相同。实际工作中，为了简化日工资的计算，通常采用下列方法来计算日工资：①每月按平均 30 日计算。以月标准工资除以 30 日，计算每月日工资。②以每月平均实际工作日数计算。按全年日历日数 365 日减去 10 个法定节假日和 104 个双休日，再除以 12 个月，算出每月平均实际工作日数 20.92 日，以月标准工资除以 20.92 日，计算每月日工资。

综上所述，计算每月应付计时工资有四种方法：①按 30 日算日工资，按出勤日数直接计算；②按 30 日算日工资，按缺勤日数扣除计算；

③按 20.92 日计算日工资，按出勤日数直接计算；④按 20.92 日计算日工资，按缺勤日数扣除计算。

下面举例说明这四种方法的应用。

【例 2-5】 职工张海月标准工资 1 800 元，2004 年 5 月份缺勤 4 天（中间含双休日 2 天），5 月份有法定节假日 3 天，星期休假 10 天，要求分别采用上述 4 种方法计算职工张海当月应得计时工资。

分析：5 月份 31 天，扣除法定节假日 3 天，星期休假 10 天，应出勤 18 天。张海缺勤 4 天（中间含双休日 2 天），实际出勤 16 天。

（1）按 30 日算日工资，按出勤日数直接计算

用这种方法计算日工资，节假日包含在内计算工资，所以在连续出勤期间内含有节假日，也应计算工资。

日工资＝1800÷30＝60（元）

当月应付工资＝60×（16＋11）＝1 620（元）

（2）按 30 日算日工资，按缺勤日数扣除计算

用这种方法计算日工资，节假日包含在内计算工资，所以在连续缺勤期间内含有节假日，也应扣除工资。

日工资＝1 800÷30＝60（元）

应扣缺勤工资＝60×4＝240（元）

当月应付工资＝1 800－240 ＝1 560（元）

（3）按 20.92 日计算日工资，按出勤日数直接计算

用这种方法计算日工资，节假日不算工资，所以在连续出勤期间内含有节假日，不应计算工资。

日工资＝1 800÷20.92＝86.04（元）

当月应付工资＝86.04×16＝1 376.64（元）

（4）按 20.92 日计算日工资，按缺勤日数扣除计算

用这种方法计算日工资，节假日不算工资，所以在连续缺勤期间内

含有节假日，不应扣除工资。

日工资＝1 800÷20.92＝86.04（元）

应扣缺勤工资＝86.04×2＝172.08（元）

当月应付工资＝1 800－172.08＝1 627.92（元）

以上四种方法各有利弊。一般情况下，由于职工缺勤日数少于出勤日数，计算缺勤工资比计算出勤工资简便，所以采用第二、第四种方法较为普遍。

（二）计件工资

计件工资是指根据工人完成的工作量按计件单价计算支付的工资。按照结算对象不同分为个人计件工资和集体计件工资。

1. 个人计件工资的计算

个人计件工资是根据产量工时记录中登记的每一职工完成的工作量和计件单价计算的工资。计件单价是完成单位产品应得的工资。计算计件工资时，应以完成的合格品数量作为依据。废品是否计算工资，要分别不同情况处理：由于材料缺陷等客观原因产生的废品属于料废，应支付计件工资；由于工人加工过失等主观原因产生的废品，属于工废，不应支付计件工资。个人计件工资的计算公式如下：

应付计件工资＝完成的产量×计件单价

＝（合格品数量＋料废数量）×计件单价　　（1）

由于计件单价可以根据工人生产单位产品所需要的工时定额和小时工资率计算，即：

计件单价＝单位产品工时定额×小时工资率

那么，计件工资也可通过下列公式计算得出：

应付计件工资＝各产品定额工时总数×小时工资率　　（2）

当工人同时生产多种计件单价不同的产品时，采用（2）式计算可简化核算手续。

【例 2-6】　职工李华 5 月份加工甲、乙两种产品，共完成甲产品 200 件，乙产品 130 件。李华的月标准工资为 1 200 元。加工单位产品的工时定额甲产品为 1 小时，乙产品为 1.5 小时。验收时发现乙产品有 5 件废品，其中：料废 2 件，工废 3 件。要求：计算李华 5 月份应得计件工资。

计件工资计算过程如下：

该职工的小时工资率＝1 200÷（30×8）＝5（元/小时）

甲产品计件单价＝1×5＝5（元）

乙产品计件单价＝1.5×5＝7.5（元）

5 月份计件工资＝200×5＋（125＋2）×7.5＝1 952.5（元）

仍以上述资料为基础，也可重新计算如下：

各产品定额工时总数＝200×1＋（125＋2）×1.5＝390.5（小时）

5 月份计件工资＝390.5×5＝1 952.5（元）

2. 集体计件工资的计算

集体计件工资是根据某一集体完成的工作量和计件单价计算的工资。计算集体计件工资的方法与个人计件工资相同，在此基础上，再采用一定的方法，将集体计件工资总额在集体内部各成员之间进行分配。

进行内部分配时，应体现按劳分配原则，根据内部各成员所提供的劳动数量和劳动质量作为分配依据。一般而言，职工的工资标准或级别可以反映职工的劳动质量和技术水平，工作时间可以反映劳动数量，因而集体内部工资分配大多采用各人的标准工资乘以工作时间作为内部工资分配标准。

【例 2-7】　焊接班组由 5 位不同等级工人组成，共同完成某项机械焊接任务，按计件工资计算班组共获得计件工资 5 800 元，该班组各成员的工资等级和工作时间见表 2-6，要求：计算焊接班组每位生产工人应得计件工资。

表 2-6　　集体计件工资内部分配表

职工姓名	等级	标准工资（小时工资率）(1)	实际工作时间（小时）(2)	分配标准 (3)＝(1)×(2)	分配率 (4)	各职工应得计件工资（元）(5)＝(3)×(4)
王明	4	5	170	850	1.741 74	1 480.48
张琴	3	4	170	680	1.741 74	1 184.38
李军	3	4	150	600	1.741 74	1 045.05
钱浩	5	6	120	720	1.741 74	1 254.05
孙雷	2	3	160	480	1.741 74	836.04
合计				3 330	1.741 74	5 800

注：计件工资内部分配率＝5 800÷3 330＝1.741 74

（三）奖金

奖金是指支付给职工的超额劳动报酬和增收节支的劳动报酬，应根据国家的有关规定和企业内部奖励标准进行计算。

（四）津贴和补贴

津贴和补贴是指为了补偿职工特殊或额外的劳动消耗和因其他特殊原因支付给职工的津贴，以及为了保证职工工资水平不受物价影响支付给职工的物价补贴等。津贴和补贴应按国家规定的种类和标准计算。

（五）加班加点工资

加班加点工资是指按规定支付给职工的加班工资和加点工资，应按职工工资标准乘以加班加点时间及国家规定的支付标准计算。其计算公式如下：

应付加班加点工资＝加班加点时间（小时）×工资标准（小时工资率）×支付系数

根据《劳动法》有关规定，安排劳动者延长工作时间的，应支付不低于工资的150％的工资报酬（系数为1.5）；休息日安排劳动者工作又不能安排休假的，应支付不低于工资的200％的工资报酬（系数为2）；法定休假日安排劳动者工作的，支付不低于工资的300％的工资报酬（系数为3）。

（六）特殊情况下支付的工资

特殊情况下支付的工资是指根据国家法律法规和有关政策规定，因病、工伤、产假、婚丧假、事假、探亲假等原因按规定支付给职工的工资，应按计时工资标准或计时工资标准的一定比例计算支付。

上述工资总额各项目计算出来后，相加之和为每位职工的应付工资。应付工资扣除企业为职工代扣代缴的各种款项，即实发工资。代扣代缴款项指企业从职工工资中扣除代为缴纳的各种款项，如水电费、房租、个人所得税等。计算公式如下：

应付工资＝计时工资＋计件工资＋奖金＋津贴和补贴＋加班加点工资＋特殊情况下支付的工资

实发工资＝应付工资－代扣代缴款项

实际工作中，各项工资结算工作通过编制“职工工资结算单”来进行。“职工工资结算单”按车间、部门进行编制，反映每个职工工资构成的详细情况，并以此作为企业与职工进行工资结算的原始依据。“职工工资结算单”见表2-7。

表 2-7 职工工资结算单

车间：基本生产车间 年 月 单位：元

职工姓名	标准工资	应扣工资			应付工资	代扣款项			实发工资
		缺勤	病事假	合计		水电费	房租	合计	
詹士军	1 280		20	20	1 260	96	90	186	1 074
华为刚	960	60		60	900				900
李亮名	1 020				1 020	54	80	134	886
……									
……									
……									
合计	57 860	180	200	380	57 480	2 010	2 900	4 910	52 570

四、职工福利费的计算

工资费用还应包括按工资总额一定比例计提的职工福利费，主要用于支付职工个人福利方面的开支，例如职工的医药费（包括企业参加职工医疗保险交纳的医疗保险金）、医疗机构人员的工资、医务经费、职工因工伤赴外地就医路费、职工生活困难补助、生活福利部门（包括理发店、浴室、托儿所等）人员的工资以及按国家规定开支的其他职工福利支出。按规定职工福利费按工资总额的14%提取，计入成本费用，其核算口径与工资基本一致。职工福利费的计算公式为：

应计提职工福利费＝当月职工工资总额×14%

五、工资费用的分配

（一）工资的分配

工资的分配，是指将企业职工工资，按其发生的部门和用途，分别计入产品成本、期间费用或其他开支项目。工资结算单上列示的不同用途的应付工资额，就是工资分配的依据。财务部门应根据各车间、部门的工资结算单，汇总编制“职工工资汇总表”（见表 2－8）。

表 2－8　　**职工工资汇总表**

2004 年 5 月　　单位：元

车间、部门		标准工资	应扣工资			应付工资	代扣款项			实发工资
			缺勤	病事假	合计		水电费	房租	合计	
生产车间	生产工人	57 860	180	200	380	57 480	2 010	2 900	4 910	52 570
	管理人员	3 940		120	120	3 820	198	232	430	3 390
厂部管理人员		8 770				8 770	564	606	1 170	7 600
销售部人员		2 500	50		50	2 450	150	180	330	2 120
医务人员		1 190				1190	56	70	126	1 064
合计		74 260	230	320	550	73 710	2 978	3 988	6 966	66 744

分配工资费用，首先要区分应计入产品成本的工资费用和不应计入产品成本的工资费用。生产车间直接从事产品生产的生产工人工资，应计入产品成本，列入“生产成本”科目的“直接人工”成本项目；车间管理人员工资，作为间接生产费用计入产品成本，通过“制造费用”科目核算；企业行政管理人员工资计入“管理费用”科目；专职福利人员工资应计入“应付福利费”；专职销售人员工资计入“营业费用”；在建工程人员工资由工程成本负担，计入“在建工程”。

【例 2－8】　根据表 2－8“职工工资汇总表”的资料，分配 2004 年 5 月淮河企业职工工资费用。

根据上述“职工工资汇总表”，可编制会计分录如下：

借：生产成本　　57 480

　　制造费用　　3 820

　　管理费用　　8 770

营业费用　　2 450

应付福利费　　1 190

贷：应付工资　　73 710

直接计入产品成本的生产工人工资，若该车间只生产一种产品，那么可将工资全部列入该产品成本；如果生产多种产品，则应采用恰当的分配方法，在不同产品之间分配工资费用。分配生产工人工资，通常选择生产工时（实际或定额）作为分配标准。其计算公式如下：

$$\text{生产工人工资分配率}=\frac{\text{生产工人工资总额}}{\text{各产品生产工时（实际或定额）之和}}$$

$$\text{某产品应分配的生产工人工资}=\text{该产品生产工时（实际或定额）}\times\text{生产工人工资分配率}$$

【例 2－9】　2004 年 5 月，淮河企业基本生产车间的生产工人应付工资共计 57 480 元。当月生产甲、乙、丙三种产品，生产工时共为 19 160小时。其中，生产甲产品耗用 9 800 小时，生产乙产品耗用 6 200 小时，生产丙产品耗用 3 160 小时。要求：以实际生产工时为分配标准，分配计算各产品应负担的工资费用。

各产品工资费用的分配可编制“工资费用分配明细表”，见表 2－9：

表 2－9　　**工资费用分配明细表**

2004 年 5 月

分配对象	分配标准（小时）	分配率（元/小时）	分配金额（元）
甲	9 800		29 400
乙	6 200		18 600
丙	3 160		9 480
合计	19 160	3	57 480

根据“工资费用分配明细表”，编制会计分录如下：

借：生产成本——基本生产成本——甲产品　　29 400

——乙产品　18 600

——丙产品　9 480

贷：应付工资　57 480

（二）职工福利费的分配

职工福利费的分配与工资分配的方法相同，即工资分配计入什么科目，提取的福利费也计入同样科目，只有一种情况例外：专职福利人员工资计入“应付福利费”科目，相应提取的应付福利费，若也计入“应付福利费”科目，则会出现同时借记、贷记“应付福利费”，“应付福利费”科目一增一减，相当于没有计提。所以，按福利人员工资总额计提的职工福利费，应计入“管理费用”科目。计提分配职工福利费，借记各有关费用、成本账户，贷记“应付福利费”。职工福利费的分配如表2-10所示。

表 2-10　应付福利费分配表

2004 年 5 月　　单位：元

车间、部门		应付工资	计提比例（%）	应付福利费
生产车间	生产工人	57 480	14	8 047.20
	管理人员	3 820	14	534.80
厂部管理人员		8 770	14	1 227.80
销售部人员		2 450	14	343.00
医务人员		1 190	14	166.60
合计		73 710	14	10 319.40

根据表 2-10，编制会计分录如下：

借：生产成本　8 047.20

制造费用　534.80

管理费用　1 394.40

营业费用　343.00

贷：应付工资　　　　　　　　　　　　　　10 319.40

如果生产多种产品，按生产工人工资总额提取的职工福利费，也应采取适当的方法，在各种产品间进行分配，通常选择实际工时或定额工时作为分配标准。

$$\text{应付福利费分配率}=\frac{\text{提取的职工福利费总额}}{\text{各产品生产工时（实际或定额）之和}}$$

$$\text{某产品应分配的职工福利费}=\text{该产品生产工时（实际或定额）}\times\text{应付福利费分配率}$$

【例 2-10】 沿用例 2-9 资料，提取并分配职工福利费。

分析：上述资料中，基本生产车间生产工人的工资总额为 57 480 元，按 14%提取职工福利费金额为 8 047.20 元（57 480×14%），编制"职工福利费分配明细表"如下：

表 2-11　　**职工福利费分配明细表**

2004 年 5 月

分配对象	分配标准（小时）	分配率（元/小时）	分配金额（元）
甲	9 800		4 116.00
乙	6 200		2 604.00
丙	3 160		1 327.20
合计	19 160	0.42	8 047.20

根据"职工福利费分配明细表"，编制会计分录如下：

借：生产成本——基本生产成本——甲产品　　4 116.00

　　　　　　　　　　　　　——乙产品　　2 604.00

　　　　　　　　　　　　　——丙产品　　1 327.20

　贷：应付福利费　　　　　　　　　　　　8 047.20

第三节　其他费用要素的归集和分配

一、其他费用要素的归集和分配

工业企业的费用要素，除了上述材料、工资、职工福利费等费用要素以外，还有燃料和动力费、固定资产折旧费、利息费用、税金和其他费用。

（一）外购燃料和动力

外购燃料和动力是指企业为进行生产而耗用的从外部购入的各种燃料和动力，包括固体、液体和气体燃料，以及热力、电力和蒸汽等。

生产过程中使用的燃料，实际上也属于材料，因此，其费用归集与分配的方法与材料费用大致相同。

外购动力的归集，应以其消耗数量为基础。通常，耗用的外购动力都由仪器仪表来进行计量，根据仪器仪表上记录的外购动力耗用数量、规定的价格，向供应单位支付款项。外购动力的分配，应遵循“谁受益谁负担”原则，按照各车间、部门耗用的数量和用途，分别计入不同的成本费用账户。基本生产车间用于产品生产的外购动力费，应计入“生产成本”账户下的“基本生产成本”明细账；基本生产车间一般性耗用的外购动力费，应作为间接费用，通过“制造费用”账户核算；辅助生产车间消耗的外购动力，计入“生产成本”账户下的“辅助生产成本”明细账；管理部门耗用的外购动力，计入“管理费用”。

产品生产过程中，如果直接耗用的燃料和动力费用较高时，可增设“燃料及动力”成本项目，归集生产中耗用的燃料动力费用，以便于对其使用情况进行分析和考核。

（二）固定资产折旧费

折旧是固定资产由于各种有形或无形损耗而减少的价值。影响固定资产折旧的因素有三项：固定资产原值、预计净残值和预计使用年限，常用的折旧计算方法有直线法（平均年限法、工作量法）和加速折旧法（双倍余额递减法、年数总和法）。各车间、部门应根据计提折旧的固定资产有关资料和确定的折旧计算方法计算并编制“固定资产折旧计算表”，归集折旧费用。

按规定计提的折旧费，应根据固定资产的使用地点和用途，分别计入不同的会计科目：生产车间固定资产折旧费，计入“制造费用”账户；行政管理部门应提的折旧费，计入“管理费用”账户；销售机构固定资产折旧费，在“营业费用”账户中列支。

（三）利息费用、税金和其他费用

利息费用和税金不是产品成本的组成部分，应列入企业的经营管理费用：利息费用计入“财务费用”等账户；税金计入“主营业务税金及附加”、“管理费用”等账户。

其他费用是指除了上述各项费用要素以外的费用，如租赁费、差旅费、保险费、实验检验费、技术培训费等。这些费用有些是产品成本的组成部分，有些不然。应列入产品成本的其他费用，大多是间接生产费用；或者有些虽然是直接生产费用，但没有专设成本项目。那么对于这些生产费用，为简化成本核算，全部作为间接生产费用处理，计入“制造费用”账户。不应列入产品成本的其他费用，应按照费用发生的车间、部门和用途，分别计入“管理费用”、“营业费用”、“其他业务支出”等账户。

二、待摊费用的核算

待摊费用是指本期已经支付，但应由本期和以后的会计期间负担的费用。从性质上讲，待摊费用属于预付性的费用，应该在不长于一年的时间内分期摊销完毕。

为了正确划分各月份的费用界限，正确计算各月产品成本和期间费用，应设置“待摊费用”账户进行核算。待摊费用的分摊期限，要按照费用的受益期确定。有些费用的受益期，可以明确划分，如预付的房屋租金、报刊订阅费等；有些费用的受益期，不能明确划分，如一次性领用的低值易耗品，须根据具体情况，对受益期加以估计，分期计入成本费用。待摊费用一般在一年内摊销完毕，超过一年的待摊费用计入“长期待摊费用”账户。

三、预提费用的核算

预提费用是指预先提取计入成本、费用，但尚未实际支付的费用。如预提的固定资产修理费、借款利息、租金等。根据权责发生制原则和配比原则，企业有些费用本期虽未实际支付，却应由本期负担，所以要先预提计入成本费用。以后实际支付时，就不再列入支付期间的成本费用。

为了反映和监督预提费用的提取和支付情况，应设置“预提费用”账户。企业预提各项费用时，借记“制造费用”、“管理费用”、“财务费用”等，贷记“预提费用”账户；实际支付费用时，借记“预提费用”账户，贷记“银行存款”等账户。

预提费用的已预提数与实际支出数之间会产生一定的差额，应按会计制度要求作相应的调账处理，要避免利用预提费用差额人为调节成本和利润。

【本章小结】

本章主要介绍各项费用要素的归集和分配。

材料费用的归集要注意做好各项基础工作，正确计算发出材料的实际成本。分配材料费用可以采用定额消耗量比例分配法和定额费用比例分配法。定额消耗量比例分配法是在各项定额资料比较健全的企业，按各种产品的材料定额消耗量的比例分配材料费用的一种方法。如果根据各种材料的定额费用比例来分配材料费用，则为定额费用比例分配法。

工资总额是各单位在一定时期内直接支付给本单位全部职工的劳动报酬总额，由六部分组成：计时工资、计件工资、奖金、津贴和补贴、加班加点工资、特殊情况下支付的工资。计时工资是按计时工资标准和工作时间支付给职工个人的劳动报酬；计件工资是根据工人完成的工作量按计件单价计算支付的工资；奖金、津贴和补贴、加班加点工资和特殊情况下支付的工资应按国家有关规定进行计算。工资费用包括应付工资和职工福利费，工资费用的分配一般以生产工时作为分配标准。

其他各项费用要素的归集和分配，参照会计制度和有关规定执行。

【复习思考题】

1. 什么是直接材料费用？如何进行材料费用的归集？
2. 什么是定额消耗量比例分配法？利用定额消耗量比例分配法如何分配材料费用？
3. 什么是定额费用比例分配法？利用定额费用比例分配法如何分配材料费用？
4. 工资总额包括哪些内容？
5. 如何计算计时工资？如何计算计件工资？
6. 什么是产量工时记录？它有哪些作用？
7. 集体计件工资如何进行内部分配？
8. 什么是工资费用？如何进行工资费用的分配？

拓展阅读

《小企业会计制度》中关于成本类会计核算科目的规定

（四）成本类科目

4101 生产成本

一、本科目核算小企业生产各种产品（包括产成品、自制半成品等）、自制材料、自制工具、自制设备等所发生的生产费用。

二、本科目应当设置以下明细科目：

（一）基本生产成本；

（二）辅助生产成本。

三、小企业发生的各项生产费用，应按成本核算对象和成本项目分别归集，属于直接材料、直接人工等直接费用，直接计入基本生产成本和辅助生产成本，属于企业辅助生产车间为生产产品提供的动力等间接费用，应当在本科目“辅助生产成本”明细科目核算后，再转入本科目“基本生产成本”明细科目；其他间接费用先在“制造费用”科目汇集，月度终了，再按一定的分配标准，分配计入有关的产品成本。

发生的各项直接生产费用，借记本科目（基本生产成本、辅助生产成本），贷记“现金”、“银行存款”、“应付工资”、“材料”、“应付福利费”等科目。

各生产车间生产产品应负担的制造费用，借记本科目（基本生产成本、辅助生产成本），贷记“制造费用”科目。

辅助生产车间为基本生产车间、企业管理部门和其他部门提供的劳务和产品，月度终了，按照一定的分配标准分配给各受益对象，借记本科目（基本生产成本）、“营业费用”、“管理费用”、“在建工程”等科目，贷记本科目（辅助生产成本）。

四、已经生产完成并已验收入库的产成品，应于月度终了，按实际成本，借记“库存商品”科目，贷记本科目（基本生产成本）。

五、小企业应当根据本企业生产的特点，选择适合于本企业的成本核算对象、成本项目及成本计算方法。

六、本科目应当分别按照基本生产车间和成本核算对象（如产品的品种、类别、订单、批别、生产阶段等）设置明细账（或成本计算单），并按规定的成本项目设置专栏。

七、本科目期末借方余额，反映小企业尚未加工完成的各项在产品的成本。

4105 制造费用

一、本科目核算小企业为生产产品和提供劳务而发生的各项间接费用，包括工资和福利费、折旧费、修理费、办公费、水电费、机物料消耗、劳动保护费、季节性和修理期间的停工损失等。

企业行政管理部门为组织和管理生产经营活动而发生的管理费用，应当作为期间费用，记入“管理费用”科目，不在本科目核算。

二、车间发生的机物料消耗，借记本科目，贷记“材料”等科目。

发生的车间管理人员的工资及福利费，借记本科目，贷记“应付工资”、“应付福利费”科目。

车间计提的固定资产折旧，借记本科目，贷记“累计折旧”科目。

车间支付的办公费、修理费、水电费等，借记本科目，贷记“银行存款”等科目。

发生季节性和修理期间的停工损失，借记本科目，贷记“材料”、“应付工资”、“应付福利费”、“银行存款”等科目。

三、制造费用应按企业成本核算办法的规定，分配计入有关的成本核算对象，借记“生产成本”（基本生产成本、辅助生产成本）科目，贷记本科目。

制造费用的分配方法，一般有下列几种：

（一）按生产工人工资；

（二）按生产工人工时；

（三）按机器工时；

（四）按耗用原材料的数量或成本；

（五）按直接成本（原材料、燃料、动力、生产工人工资及应提取的福利费之和）；

（六）按产品产量。

具体采用哪种分配方法，由小企业自行决定。制造费用的分配方法一经确定，不得随意变更；如需变更，应当在会计报表附注中予以说明。

四、本科目应按不同的车间、部门设置明细账，并按费用项目设置专栏，进行明细核算。

五、除季节性生产外，本科目期末应无余额。

第三章　辅助生产费用的核算

【学习目标】

通过本章学习，了解辅助生产和辅助生产费用的概念和特点；理解辅助生产费用归集的程序和核算账户的设置；熟练掌握辅助生产费用分配的方法。

第一节　辅助生产费用的归集

一、辅助生产及辅助生产费用概述

工业企业生产车间按生产任务不同，可分为基本生产车间和辅助生产车间两大类。基本生产车间以直接生产各种对外销售的产品为主要任务；辅助生产车间主要从事为基本生产车间和其他部门服务而进行的产品生产和劳务供应。辅助生产车间提供的产品主要有自制工具和模具、自制材料和包装物，以及供水、供电、供气等；提供的劳务服务主要有机器设备的修理以及运输业务等。根据所提供的劳务或产品的品种可以分为两种类型：一类是只提供一种劳务或产品的辅助生产，如供电、供水、供气、运输等；另一类是提供多种劳务或产品的辅助生产，如机械修理、工具模具制造等。辅助生产的类型不同，辅助生产费用归集和分配的方法也不同，所以区分辅助生产的不同类型，是正确组织辅助生产费用核算的前提。

辅助生产费用是辅助生产车间在一定时期内为基本生产车间和行政管理部门等提供产品或劳务而发生的各种耗费。具体包括两个部分的内容：第一部分是该车间自身发生的各项费用，如耗用的各项要素费用，分摊的跨期费用等，包括直接材料、直接人工和制造费用等；第二部分是从其他辅助生产部门分配转来的费用，这部分费用是存在多个辅助生产车间时，由于相互提供劳务或产品而从其他辅助生产车间分进来的相互服务费用。辅助生产车间为生产产品或提供劳务而发生的各种费用，构成了这些产品或劳务的成本。

二、辅助生产费用归集的程序

不同类型的辅助生产车间，由于其提供的产品和劳务种类不同，辅助生产成本归集的程序也不相同。

有的辅助生产车间只提供单一产品或劳务，如供水、供电、供气或修理、运输等车间；有的辅助生产车间可提供多种产品或劳务服务，如自制材料、包装物和工具模具的生产车间等。辅助生产车间提供的产品或劳务，有的需要验收入库，期末可能有在产品，如自制材料、工具、模具和包装物等；有的不需要存放于仓库，也就没有在产品，如供水、供电、供气和修理、运输等。

在单品种辅助生产车间，因为只生产一种产品或提供一种劳务，它所发生的一切生产费用都是直接费用，一般可按费用的经济用途即成本项目直接记入所生产的产品或作业、劳务的成本。因此，其成本归集的程序比较简单。

在多品种辅助生产车间，因为其发生的费用需要由两个或两个以上的产品或劳务负担，因此，须将共同费用在不同受益对象之间进行分配，辅助生产费用归集的程序相对而言较为复杂。在进行辅助生产费用的归集时，与基本生产成本的核算方法相似，首先要将各种辅助生产费用区分为直接费用和间接费用，直接生产费用按照受益对象直接计入辅助生产产品或劳务的成本；间接生产费用则需按一定方式进行归集，期末分配转入各项产品或劳务的成本。如某一辅助生产车间生产模具和工具，模具生产中直接耗用的原材料可以直接计入模具的生产成本；一些间接费用，如固定资产的折旧费等，先按车间归集，月末和其他间接费用一起在各种模具和工具间分配。其程序如图 3-1 所示。

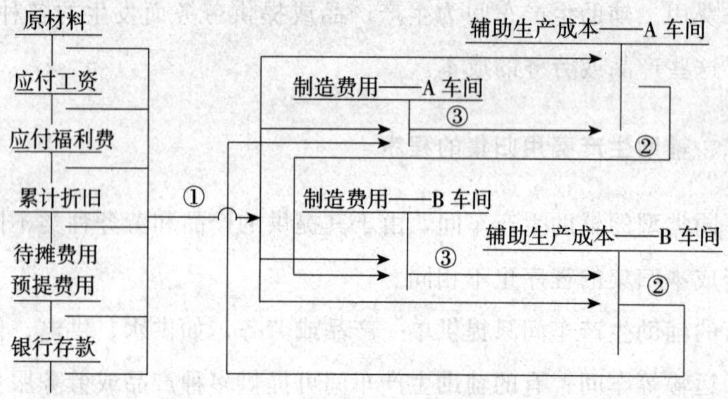

图 3-1　辅助生产费用归集的程序

说明：①根据各项费用分配表登记各辅助生产成本明细账及其制造费用明细账；②计算分配各辅助生产车间之间相互提供的劳务或产品，计入其制造费用明细账；③期末将各辅助生产车间的制造费用结转至“辅助生产成本”明细账，以计算各辅助生产的产品或劳务的成本。

综上所述，归集的辅助生产费用可归纳为如下几方面内容：

1. 辅助生产车间耗用的各项费用要素

主要有原材料、辅助材料、燃料和动力、低值易耗品、累计折旧、工资、修理费及提取的职工福利费等。

2. 待摊费用和预提费用

对辅助生产车间发生的跨期费用进行摊销和预提，如产品生产所需的专用工具费用的分摊和租赁费用的分摊，以及固定资产修理费用的预提等。核算待摊费用和预提费用，要编制待摊费用、预提费用分配表，注意分清应由本期成本和不应由本期成本负担的费用。

3. 辅助生产车间之间交互服务的费用

主要指企业内部其他辅助生产车间为本辅助生产车间提供的产品、劳务费用。

上述各项费用，按照它们与辅助生产产品或劳务形成的关系不同，以直接或间接的方式计入辅助生产成本。

三、辅助生产费用核算的账户设置

辅助生产费用的核算，通过“生产成本——辅助生产成本”账户进行。该账户按车间和产品、劳务开设明细账，分成本项目分设专栏进行明细核算。辅助生产车间发生的各项生产费用，记入本账户的借方进行归集；辅助生产车间为基本生产车间、企业管理部门和其他部门提供的产品或劳务，应在期末按照一定的分配标准分配给各受益对象，期末分配结转的辅助生产费用，记入本账户的贷方。

如前所述，不同类型的辅助生产车间，生产特点不一样，辅助生产成本的归集程序也有不同。单品种辅助生产车间，因为只生产一种产品或提供一种劳务，它的一切生产费用都是直接费用，可直接计入所生产的产品或劳务的成本。多品种辅助生产车间，因为其发生的间接生产费用需要由两个或两个以上的产品或劳务负担，因此，须将共同费用在不同产品、劳务间进行分配。由此可见，两种不同的辅助生产费用归集方式，主要区别在于对间接生产费用的处理上。因此，对于辅助生产费用的核算，可以采用两种不同方式设置核算账户：一是只设置“生产成本——辅助生产成本”账户，不设置“制造费用——辅助生产车间”账户；二是既设置“生产成本——辅助生产成本”账户，又设置“制造费用——辅助生产车间”账户。下面分别进行介绍：

(1) 只设置“生产成本——辅助生产成本”账户，不设置“制造费用——辅助生产成本”账户。在这种方法下，凡是辅助生产部门发生的各项费用（无论是为提供劳务或产品发生，还是为组织、管理生产而发生的制造费用）全部记入“生产成本——辅助生产成本”账户。该账户一般按各辅助生产车间分别设置。同时，还应按辅助生产部门的成本核算对象（即产品和劳务的种类）开设“辅助生产成本明细账”（或“辅助生产成本计算单”），用来归集辅助生产费用，并计算出辅助生产车间生产的各种产品和提供的各种劳务的实际总成本和单位成本。辅助生产车间产品和劳务的成本项目，可以比照基本生产车间，设置直接材料、直接人工和制造费用等成本项目，也可以根据辅助生产部门自身的生产特点另行确定成本项目。辅助生产成本二级账及所属的辅助生产成本明细账，都应当按照企业确定的成本项目设专栏（其格式见表 3 - 1），组织辅助生产费用的明细核算和辅助生产部门产品和劳务成本的计算。

(2) 既设置“生产成本——辅助生产成本”账户，也设置“制造费用——辅助生产车间”账户。在这种方法下，比照基本生产车间账户一样处理。对于辅助生产车间提供劳务或产品发生的直接费用记入“生产成本——辅助生产成本”及其所属明细账，而对于辅助生产车间为组织和管理生产等发生的间接生产费用先记入“制造费用——辅助生产车间”账户，月末再分配转入“生产成本——辅助生产成本”账户，经分配结转后，月末“制造费用——辅助生产部门”账户应无余额。

需要说明的是，辅助生产费用的核算是否设置“制造费用——辅助生产车间”账户，并不作统一要求。在实际工作中，可根据辅助生产车间规模大小、制造费用多少等方面的不同情况来确定。一般来说，企业如果辅助生产规模较大，制造费用较多，或还对外提供产品、劳务等，则可单设“制造费用——辅助生产车间”账户来归集辅助生产过程中发生的间接费用；如果企业辅助生产规模较小，制造费用极少，又不对外提供产品、劳务，则可不单设“制造费用——辅助生产车间”账户，而将辅助生产过程中发生的制造费用直接记入“生产成本——辅助生产成本”账户。

本教材为了简化阐述，采用第一种方法。

表 3-1　　辅助生产成本明细账

2004 年 5 月

车间：供电车间　　　　金额单位：元

2004年 月	2004年 日	凭证号数	摘　要	直接材料	燃料及动力	直接人工	折旧费	办公费	保险费	机物料消耗	其他	合计
4	31	略	原材料费用分配表	5 800								5 800
			燃料费用分配表		2 500							2 500
			动力费用分配表		8 200							8 200
			折旧费用分配表				2 160					2 160
			工资及福利费用分配表			9 520						9 520
			低值易耗品费用分配表							380		380
			其他费用分配表					653	1 356		580	2 589
			待分配费用合计	5 800	10 700	9 520	2 160	653	1 356	380	580	31 149
			分配转出	5 800	10 700	9 520	2 160	653	1 356	380	580	31 149

第二节　辅助生产费用的分配

一、辅助生产费用分配概述

辅助生产费用分配是指将辅助生产成本各明细账上所归集的费用，采用一定的方法计算出产品或劳务的总成本和单位成本，并按受益对象耗用的数量计入基本生产成本或期间费用的过程。

如前所述，辅助生产部门的产品、劳务和作业主要服务于企业的基本生产车间和管理部门。但在某些辅助生产部门之间往往存在相互服务的情况，如供电车间为修理车间提供电力，修理车间也为供电车间提供修理服务。那么，要计算供电成本，就要确定修理成本；而要计算修理成本，又要确定供电成本。因此，为了正确计算基本生产产品成本，在辅助生产费用分配时，还应在各辅助生产车间之间进行费用的相互分配。这是辅助生产费用分配的一个主要特性。

辅助生产费用的分配应遵循受益原则，按照各受益部门的耗用量，在各受益部门之间进行分配，多受益多负担，少受益少负担。基本生产车间产品生产耗用的辅助生产费用，直接计入该产品成本；基本生产车间一般性消耗的辅助生产费用，计入制造费用；行政管理部门耗用的辅助生产费用，计入管理费用；其他部门耗用的辅助生产费用，计入其他相关账户。

辅助生产费用的分配必须分别部门（或车间）进行，其分配的计算一般是通过编制“辅助生产费用分配表”进行的。该表不仅起到分配计算辅助生产费用的作用，而且也是各受益部门耗用辅助生产费用据以入账的依据。

二、辅助生产费用的分配方法

辅助生产费用的分配是一个较为复杂的过程，为了使分配结果尽量客观准确，应考虑企业各辅助生产车间的生产特点以及受益单位的具体情况，并结合企业管理的条件和要求来选择适当的分配方法。分配辅助生产费用的方法很多，主要有直接分配法、一次交互分配法、代数分配法和计划成本分配法等，下面分别加以说明。

（一）直接分配法

直接分配法是指将辅助生产车间发生的辅助生产费用，全部直接分配给辅助生产车间以外的各受益对象负担的一种方法。它的特点是不考虑辅助生产车间之间的交互服务，简单地将辅助生产费用在辅助生产车间以外的各受益对象之间进行分配，即既不转出，也不转入。它的分配计算公式如下：

$$\text{辅助生产费用分配率（单位成本）}=\frac{\text{该辅助生产车间直接发生的费用总额}}{\text{该辅助生产车间向辅助生产车间以外的受益单位提供的劳务总量}}$$

$$\text{某受益单位应负担的辅助生产费用}=\text{该受益单位接受的劳务数量}\times\text{辅助生产费用分配率}$$

【例 3-1】　长江企业有供电、锅炉、机修三个辅助生产车间，在分配结转前，“生产成本——辅助生产成本”账户归集的本月辅助生产费用合计数分别为：供电车间为 22 800 元，锅炉车间为 10 800 元，修理车间为 32 400 元。该公司本月辅助生产车间提供的产品和劳务情况，如表 3-2 所示。

表 3-2　　辅助生产车间劳务供应量汇总表

2004 年 5 月

受益部门 ＼ 辅助生产部门	供电 单位：度	锅炉 单位：吨	机修 单位：小时
供电车间	—	1 200	720
锅炉车间	6 000	—	480
机修车间	12 000	1 200	—
小　　计	18 000	2 400	1 200
基本生产车间甲产品	48 000	3 600	—
基本生产车间乙产品	18 000	1 800	—
基本生产车间一般用	42 000	4 200	4 800
公司行政管理部门用	12 000	2 400	1 200
小　　计	120 000	12 000	6 000
劳务供应量合计	138 000	14 400	7 200

根据上述资料，用直接分配法计算各辅助生产部门的费用分配率如下：

$$供电车间费用分配率=\frac{22\ 800}{120\ 000}=0.19$$

$$锅炉车间费用分配率=\frac{10\ 800}{12\ 000}=0.9$$

$$机修车间费用分配率=\frac{32\ 400}{6\ 000}=5.4$$

根据所得分配率计算各受益部门应负担的辅助生产费用，并编制辅助生产费用分配表如下（见表 3-3）：

表 3-3　　辅助生产费用分配表（直接分配法）

2004 年 5 月　　　　金额单位：元

项目	分配电费		分配气费		分配修理费		合计
	数量（度）	金额	数量（吨）	金额	数量（小时）	金额	金额
待分配费用		22 800		10 800		32 400	66 000
劳务供应总量	138 000		14 400		7 200		
其中:辅助生产车间除外	120 000		12 000		6 000		
费用分配率(单位成本)		0.19		0.9		5.4	
受益对象:							
供电车间			(1 200)		(720)		
锅炉车间	(6 000)				(480)		
机修车间	(12 000)		(1 200)				
基本生产车间甲产品	48 000	9 120	3 600	3 240			12 360
基本生产车间乙产品	18 000	3 420	1 800	1 620			5 040
基本生产车间一般用	42 000	7 980	4 200	3 780	4 800	25 920	37 680
公司行政管理部门用	12 000	2 280	2 400	2 160	1 200	6 480	10 920
合计	120 000	22 800	12 000	10 800	6 000	32 400	66 000

根据辅助生产费用分配表（表 3-3），编制分配结转辅助生产费用的会计分录如下：

借：生产成本——基本生产成本——甲产品　　9 120
　　生产成本——基本生产成本——乙产品　　3 420
　　制造费用——基本生产车间　　7 980
　　管理费用　　2 280
　　贷：生产成本——辅助生产成本——供电车间　　22 800

借：生产成本——基本生产成本——甲产品　　3 240

生产成本——基本生产成本——乙产品　　1 620

制造费用——基本生产车间　　3 780

管理费用　　2 160

贷：生产成本——辅助生产成本——锅炉车间　　10 800

借：制造费用——基本生产车间　　25 920

管理费用　　6 480

贷：生产成本——辅助生产成本——机修车间　　32 400

采用直接分配法，分配计算一次就可完成，计算方法最为简便。但因其未考虑辅助生产车间之间产品、劳务的提供，在计算费用分配率时，待分配费用没有包括耗用其他辅助生产车间产品、劳务的成本，因此并不是该车间的实际费用。此外，供应劳务数量又剔除了其他辅助生产车间耗用数量。因此，该方法对成本计算的准确性有一定的影响。这种方法一般适用于辅助生产车间相互不提供劳务，或提供劳务较少，并且辅助生产费用较少的中小型企业。

（二）一次交互分配法

一次交互分配法是将辅助生产车间相互提供的产品或劳务先进行交互分配，然后再将各辅助生产车间交互分配后的实际费用，全部分配给辅助生产车间以外各受益单位的一种分配方法。该方法的特点是进行两次分配：第一次分配，先根据交互分配前各辅助生产车间发生的费用和提供的产品或劳务总量计算分配率，在辅助生产车间之间进行一次交互分配；第二次分配，将各辅助生产车间交互分配后的实际费用（即交互分配的费用加上交互分配转入的费用减去交互分配转出的费用），再按对外提供劳务的数量，在辅助生产部门以外的各受益单位之间进行分配。分配的计算公式如下：

1. 交互分配

$$交互分配率=\frac{辅助生产部门直接费用总额}{产品劳务供应总量}$$

$$\text{某辅助生产车间应负担的费用}=\text{该辅助生产车间受益的产品劳务量}\times\text{对应的交互分配率}$$

2. 对外分配

$$\text{某辅助生产车间对外待分配费用}=\text{该辅助生产车间直接费用}+\text{交互分配转入的费用}-\text{交互分配转出的费用}$$

$$\text{某辅助生产车间对外费用分配率}=\frac{\text{该辅助生产车间对外待分配费用}}{\text{对外提供产品劳务总量}}$$

$$\text{某受益单位应分摊辅助生产费用}=\text{该单位受益的产品劳务量}\times\text{对外费用分配率}$$

【例 3－2】　仍以例 3－1 的资料为例，采用一次交互分配法分配辅助生产费用，如表 3－4 所示。

（1）交互分配

$$\text{供电车间交互分配率}=\frac{22\,800}{13\,800}=0.1652$$

$$\text{锅炉车间交互分配率}=\frac{10\,800}{14\,400}=0.75$$

$$\text{机修车间交互分配率}=\frac{32\,400}{7\,200}=4.5$$

供电车间应负担的气费＝1 200×0.75 ＝900（元）

供电车间应负担的修理费＝720×4.5＝3 240（元）

锅炉车间应负担的电费＝6 000×0.165 2＝991.2（元）

锅炉车间应负担的修理费＝480×4.5＝2 160（元）

机修车间应负担的电费＝12 000×0.165 2＝1 982.4（元）

机修车间应负担的气费＝1 200×0.75＝900（元）

（2）对外分配

供电车间对外待分配费用＝22 800＋4 140－2 973.60

＝23 966.40（元）

锅炉车间对外待分配费用＝10 800＋3 151.2－1 800

＝12 151.20（元）

机修车间对外待分配费用＝32 400＋2 882.40－5 400

＝29 882.40（元）

$$供电车间对外费用分配率=\frac{23\,966.40}{120\,000}=0.199\,72（元）$$

$$锅炉车间对外费用分配率=\frac{12\,151.20}{12\,000}=1.012\,6（元）$$

$$机修车间对外费用分配率=\frac{29\,882.40}{6\,000}=4.980\,4（元）$$

根据表 3－4 编制如下会计分录：

第一次，交互分配：

借：生产成本——辅助生产成本——锅炉车间　　991.2

　　生产成本——辅助生产成本——机修车间　　1 982.4

　　贷：生产成本——辅助生产成本——供电车间　　2 973.6

借：生产成本——辅助生产成本——供电车间　　900

　　生产成本——辅助生产成本——机修车间　　900

　　贷：生产成本——辅助生产成本——锅炉车间　　1 800

借：生产成本——辅助生产成本——供电车间　　3 240

　　生产成本——辅助生产成本——锅炉车间　　2 160

　　贷：生产成本——辅助生产成本——机修车间　　5 400

第二次，对外分配：

借：生产成本——基本生产成本——甲产品　　9 586.56

　　生产成本——基本生产成本——乙产品　　3 594.96

　　制造费用——基本生产车间　　8 388.24

　　管理费用　　2 396.64

　　贷：生产成本——辅助生产成本——供电车间　　23 966.4

借：生产成本——基本生产成本——甲产品　　　3 645.36

　　生产成本——基本生产成本——乙产品　　　1 822.68

　　制造费用——基本生产车间　　　　　　　　4 252.92

　　管理费用　　　　　　　　　　　　　　　　2 430.24

　贷：生产成本——辅助生产成本——锅炉车间　　12 151.2

借：制造费用——基本生产车间　　　　　　　　23 905.92

　　管理费用　　　　　　　　　　　　　　　　5 976.48

　贷：生产成本——辅助生产成本——机修车间　　29 882.4

表 3-4　　辅助生产费用分配表（一次交互分配法）

2004 年 5 月　　　　　　　　金额单位：元

项　目	交互分配						对外分配						金额合计
	分配电费		分配气费		分配修理费		分配电费		分配气费		分配修理		
	数量	金额	数量	金额	数量	金额	数量	金额	数量	金额	数量	金额	
待分配费用		22 800		10 800		32 400							66 000
劳务供应总量	138 000		14 400		7 200		120 000	23 966.4	12 000	12 151.20	6 000	29 882.4	66 000
费用分配率(单位成本)		0.165 2		0.75		4.5		0.199 72		1.012 6		4.980 4	
供电车间			1 200	900	720	3 240							4 140
锅炉车间	6 000	991.2			480	2 160							3 151.2
机修车间	12 000	1 982.4	1 200	900									2 882.4
基本生产车间甲产品							48 000	9 586.56	3 600	3 645.36			13 231.92
基本生产车间乙产品							18 000	3 594.96	1 800	1 822.68			5 417.64
基本生产车间一般用							42 000	8 388.24	4 200	4 252.92	4 800	23 905.92	36 547.08
公司行政管理部门用							12 000	2 396.64	2 400	2 430.24	1 200	5 976.48	10 803.36
合　计		2 973.6		1 800		5 400	120 000	23 966.4	12 000	12 151.2	6 000	29 882.4	66 000

采用一次交互分配法，辅助生产部门内部相互提供的产品和劳务进行了交互分配（即相互分配了费用），与直接分配法相比，提高了费用分配结果的正确性。但由于在分配费用时要进行交互分配和对外分配，因而增加了分配计算的工作量。另外，由于交互分配的分配率是根据交互分配前的待分配费用计算的，不是各辅助生产车间的实际单位成本，因而分配结果也不很准确。这种方法一般适用于各辅助生产部门之间相互提供劳务较多的企业。在实际工作中，为了简化核算工作，如果各月辅助生产的成本水平相差不大，也可以用上月辅助生产部门该产品或劳务的实际单位成本，作为本月交互分配的费用分配率（单位成本）。

（三）代数分配法

代数分配法是运用代数中解多元一次联立方程的原理，先计算出各辅助生产车间产品和劳务的实际单位成本，然后根据实际单位成本和各受益单位（包括辅助生产车间）耗用的数量计算分配辅助生产费用的一种方法。其基本计算步骤是：

(1) 设未知数，并根据辅助生产车间之间交互服务关系建立方程组；

(2) 解方程组，求出各种产品或劳务的单位成本；

(3) 用各单位成本乘以受益部门的耗用量，求出各受益部门应分配计入的辅助生产费用。

根据辅助生产车间之间交互服务关系建立的方程式为：

$$\text{某辅助生产车间提供劳务总量}\times\text{该辅助生产车间劳务的单位成本}=\text{该辅助生产车间直接发生费用}+\text{该辅助生产车间耗用其他辅助生产车间的劳务数量}\times\text{其他辅助生产车间劳务的单位成本}$$

【例 3-3】 仍以例 3-1 的资料为例说明代数分配法的分配步骤。

设供电车间的单位成本为 x 元，锅炉车间的单位成本为 y 元，机修车间的单位成本为 z 元。根据三个辅助生产车间的交互服务关系建立方程组如下：

$$\begin{cases} 138\,000x = 22\,800 + 1\,200y + 720z \\ 14\,400y = 10\,800 + 6\,000x + 480z \\ 7\,200z = 32\,400 + 12\,000x + 1\,200y \end{cases}$$

解方程组得：
$$\begin{cases} x = 0.2 \\ y = 1 \\ z = 5 \end{cases}$$

即：供电车间的单位成本为 0.2 元，锅炉车间的单位成本为 1 元，机修车间的单位成本为 5 元。

根据计算结果，编制辅助生产费用分配表，如表 3-5 所示。

表 3-5　　辅助生产费用分配表（代数分配法）

2004 年 5 月　　金额单位：元

项　　目	分配电费		分配气费		分配修理费		对外分配合　计
	数量	金额	数量	金额	数量	金额	
待分配费用		22 800		10 800		32 400	66 000
劳务供应总量	138 000		14 400		7 200		
费用分配率(单位成本)		0.2		1		5	
供电车间			1 200	1 200	720	3 600	4 800
锅炉车间	6 000	1 200			480	2 400	3 600
机修车间	12 000	2 400	1 200	1 200			3 600
基本生产车间甲产品	48 000	9 600	3 600	3 600			13 200
基本生产车间乙产品	18 000	3 600	1 800	1 800			5 400
基本生产车间一般用	42 000	8 400	4 200	4 200	4 800	24 000	36 600
公司行政管理部门用	12 000	2 400	2 400	2 400	1 200	6 000	10 800
合　计	138 000	27 600	14 400	14 400	7 200	36 000	66 000

根据表3-5辅助生产费用分配表编制会计分录如下：

借：生产成本——辅助生产成本——供电车间　　4 800
　　贷：生产成本——辅助生产成本——锅炉车间　　1 200
　　　　生产成本——辅助生产成本——机修车间　　3 600

借：生产成本——辅助生产成本——锅炉车间　　3 600
　　贷：生产成本——辅助生产成本——供电车间　　1 200
　　　　生产成本——辅助生产成本——机修车间　　2 400

借：生产成本——辅助生产成本——机修车间　　3 600
　　贷：生产成本——辅助生产成本——供电车间　　2 400
　　　　生产成本——辅助生产成本——锅炉车间　　1 200

借：生产成本——基本生产成本——甲产品　　9 600
　　生产成本——基本生产成本——乙产品　　3 600
　　制造费用——基本生产车间　　8 400
　　管理费用　　2 400
　　贷：生产成本——辅助生产成本——供电车间　　24 000

借：生产成本——基本生产成本——甲产品　　3 600
　　生产成本——基本生产成本——乙产品　　1 800
　　制造费用——基本生产车间　　4 200
　　管理费用　　2 400
　　贷：生产成本——辅助生产成本——锅炉车间　　12 000

借：制造费用——基本生产车间　　24 000
　　管理费用　　6 000
　　贷：生产成本——辅助生产成本——机修车间　　30 000

采用代数分配法，分配结果最为准确。但是在分配前先要解联立方程组，如果辅助生产部门多，未知数也就较多，计算工作量就会大大增加，计算亦较复杂。因此，这种方法一般适宜在辅助生产车间不多或已经实现会计电算化的企业中采用。

（四）计划成本分配法

计划成本分配法是指在分配辅助生产费用时，根据事先确定的产品或劳务的计划单位成本和各车间、部门耗用的劳务数量计算各车间、部门应分配的辅助生产费用的一种方法。其内容是：先按产品或劳务的计划单位成本和实际供应量，在各受益对象（包括各辅助生产部门）之间分配生产费用；然后再将辅助生产车间实际发生的费用（待分配费用加上辅助生产车间内部按计划成本分配转入的费用）与按计划单位成本分配转出的费用的差额，即成本差异，分配给辅助生产车间以外的各受益单位。其计算公式及步骤如下：

1. 按计划成本分配

$$\begin{array}{c}\text{某受益对象应分配的}\\\text{辅助生产费用（含辅助生产车间）}\end{array}=\begin{array}{c}\text{该受益对象}\\\text{的受益数量}\end{array}\times\begin{array}{c}\text{计划单}\\\text{位成本}\end{array}$$

2. 分配成本差异

$$\begin{array}{c}\text{成本}\\\text{差异}\end{array}=\begin{array}{c}\text{各辅助生产车}\\\text{间发生的费用}\end{array}+\begin{array}{c}\text{按计划成本分}\\\text{配转入的费用}\end{array}-\begin{array}{c}\text{按计划成本分}\\\text{配转出的费用}\end{array}$$

$$\begin{array}{c}\text{成本差异}\\\text{分配率}\end{array}=\frac{\text{成本差异额}}{\begin{array}{c}\text{辅助生产车间以外的受益单位}\\\text{劳务量（或分配的计划成本）}\end{array}}$$

$$\begin{array}{c}\text{某受益单位}\\\text{应分配成本差异}\end{array}=\begin{array}{c}\text{该受益单位受益量}\\\text{（或分摊的计划成本）}\end{array}\times\begin{array}{c}\text{成本差异}\\\text{分配率}\end{array}$$

为了简化分配核算工作，辅助生产的成本差异也可全部直接计入管理费用。

【例 3－4】　仍以例 3－1 的资料为例，假设供电车间的计划单位成本为 0.21 元，锅炉车间的计划单位成本为 0.95 元，机修车间的计划单位成本为为 4.8 元，采用计划成本分配法，编制辅助生产费用分配表，见表 3－6。

供电车间实际总成本＝22 800＋1 140＋3 456＝27 396（元）

按计划成本分配转出的费用＝138 000×0.21＝28 980（元）

供电车间成本差异（节约）＝27 396－28 980＝－1 584（元）

锅炉车间实际总成本＝10 800 ＋ 1 260 ＋ 2 304＝14 364（元）

按计划成本分配转出的费用＝14 400×0.95＝13 680（元）

锅炉车间成本差异（超支）＝14 364－13 680＝684（元）

机修车间实际总成本＝32 400 ＋ 2 520 ＋ 1 140＝36 060（元）

按计划成本分配转出的费用＝7 200×4.8＝34 560（元）

机修车间成本差异（超支）＝36 060－34 560＝1 500（元）

表 3－6　　辅助生产费用分配表（计划成本分配法）

2004 年 5 月　　金额单位：元

项　目	按计划成本分配						成本差异分配			对外分配合计
	分配电费		分配气费		分配修理费					
	数量	金额	数量	金额	数量	金额	供电	锅炉	机修	
待分配费用		22 800		10 800		32 400				66 000
劳务供应总量	138 000		14 400		7 200					
计划单位成本		0.21		0.95		4.8				
受益对象										
供电车间			1 200	1 140	720	3 456				4 596
锅炉车间	6 000	1 260			480	2 304				3 564
机修车间	12 000	2 520	1 200	1 140						3 660
基本生产车间甲产品	48 000	10 080	3 600	3 420						13 500
基本生产车间乙产品	18 000	3 780	1 800	1 710						5 490
基本生产车间一般用	42 000	8 820	4 200	3 990	4 800	23 040				35 850
公司行政管理部门用	12 000	2 520	2 400	2 280	1 200	5 760	－1 584	684	1 500	11 160
合　计	138 000	28 980	14 400	13 680	7 200	34 560	－1 584	684	1 500	77 820

根据辅助生产费用分配表（表 3－6），编制分配结转辅助生产费用的会计分录如下：

1. 按计划单位成本分配的会计分录

借：生产成本——辅助生产成本——锅炉车间　　1 260
　　生产成本——辅助生产成本——机修车间　　2 520
　　生产成本——基本生产成本——甲产品　　10 080
　　生产成本——基本生产成本——乙产品　　3 780
　　制造费用——基本生产车间　　8 820
　　管理费用　　2 520
　　贷：生产成本——辅助生产成本——供电车间　　28 980

借：生产成本——辅助生产成本——供电车间　　1 140
　　生产成本——辅助生产成本——机修车间　　1 140
　　生产成本——基本生产成本——甲产品　　3 420
　　生产成本——基本生产成本——乙产品　　1 710
　　制造费用——基本生产车间　　3 990
　　管理费用　　2 280
　　贷：生产成本——辅助生产成本——锅炉车间　　13 680

借：生产成本——辅助生产成本——供电车间　　3 456
　　生产成本——辅助生产成本——锅炉车间　　2 304
　　制造费用——基本生产车间　　23 040
　　管理费用　　5 760
　　贷：生产成本——辅助生产成本——机修车间　　34 560

2. 成本差异分配结转的会计分录

借：管理费用　　600
　　贷：生产成本——辅助生产成本——供电车间　　1 584
　　　　生产成本——辅助生产成本——锅炉车间　　684
　　　　生产成本——辅助生产成本——机修车间　　1 500

上述分配结转辅助生产成本差异的会计分录，属于调整分录，不论成本差异是超支差异还是节约差异，账户的对应关系是相同的，在登记账户时，超支差异用蓝字表示补加，节约差异用红字表示冲减。

采用计划成本分配法，由于是按照事先确定的计划单位成本进行分配的，不必单独计算费用分配率，而且各辅助生产费用只分配一次，从而简化和加速了成本计算和分配工作。采用这种分配方法，不仅能反映和考核辅助生产成本计划的执行情况，而且还便于分析和考核各受益单位的成本，便于分清企业内部各单位的经济责任。

但是，采用这种方法，计划单位成本与实际误差不能太大，否则会影响分配结果的准确性。此外，将较大的差异额列入“管理费用”科目，对当期损益会有较大影响。因此，计划成本分配法一般适用于有比较准确的计划成本资料的企业采用。

应当指出，辅助生产费用分配方法不会改变辅助生产费用归集和分配的特点：不管采用何种分配方法，分配结转后辅助生产成本明细账应无余额；对外分配金额的合计数是相同的，即应等于分配前各辅助生产部门的待分配费用之和。上述四种方法在辅助生产成本明细账中的登记结果和对外分配金额可以集中在表 3－7 和表 3－8 中反映。

表 3－7　　不同分配方法登记结果比较表　　单位：元

辅助生产费用分配方法	供电车间		锅炉车间		机修车间	
	借方金额	贷方金额	借方金额	贷方金额	借方金额	贷方金额
直接分配法	22 800	22 800	10 800	10 800	32 400	32 400
一次交互分配法	22 800	2 973.6	10 800	1 800	32 400	5 400
	4 140	23 966.4	3 151.2	12 151.2	2 882.4	29 882.4
代数分配法	22 800	27 600	10 800	14 400	32 400	36 000
	4 800		3 600		3 600	
计划成本分配法	22 800	28 980	10 800	13 680	32 400	34 560
	4 596	—1 584	3 564	684	3 660	1 500

表 3-8　　不同分配方法对外分配费用比较表　　单位：元

辅助生产费用分配方法	对外分配金额				
	基本生产成本甲产品	基本生产成本乙产品	制造费用	管理费用	合　计
直接分配法	12 360	5 040	37 680	10 920	66 000
一次交互分配法	13 231.92	5 417.64	36 547.08	10 803.36	66 000
代数分配法	13 200	5 400	36 600	10 800	66 000
计划成本分配法	13 500	5 490	35 850	11 160	66 000

【本章小结】

本章主要讲述辅助生产费用的归集和分配问题。

辅助生产车间发生的费用称为辅助生产费用，通过“生产成本——辅助生产成本”账户进行反映和核算。不同类型的辅助生产车间，由于其生产特点不同，提供的产品和劳务种类不同，辅助生产费用归集的程序也不相同。辅助生产车间应在期末将归集的辅助生产费用采用适当的方法分配给各受益单位。辅助生产费用分配方法主要有：直接分配法、一次交互分配法、代数分配法和计划成本分配法等。直接分配法将辅助生产车间发生的辅助生产费用，全部直接分配给辅助生产车间以外的各受益对象；一次交互分配法先在各辅助生产车间之间进行交互分配，然后再将各辅助生产车间交互分配后的实际费用，分配给辅助生产以外的各受益单位；代数分配法是运用代数中解多元一次联立方程的原理，先计算出各辅助生产车间产品和劳务的实际单位成本，进而向各受益单位（包括辅助生产车间）分配辅助生产费用的一种方法；计划成本分配法根据事先确定的产品或劳务的计划单位成本和各车间、部门耗用量来分配辅助生产费用。不同的辅助生产费用分配方法具有不同的特点和适用范围。

【复习思考题】

1. 辅助生产的特点是什么？它与基本生产有什么区别？

2. 辅助生产核算的任务是什么？

3. 简述辅助生产费用结转的特点。

4. 归集辅助生产费用应如何设置会计核算科目？

5. 什么是直接分配法？它有什么特点？适用哪些情况？

6. 什么是一次交互分配法？它有什么特点？适用哪些情况？

7. 什么是代数分配法？它有什么特点？适用哪些情况？

8. 什么是计划成本分配法？它有什么特点？适用哪些情况？

第四章　制造费用的核算

【学习目标】

通过本章学习，了解制造费用的含义和内容，理解制造费用归集的程序；掌握制造费用的分配方法及制造费用归集和分配的账务处理。

第一节　制造费用的归集

一、制造费用归集的程序

（一）制造费用的含义和内容

制造费用是指各个生产单位为组织和管理生产而发生的各项费用，以及直接用于产品生产但未专设成本项目和间接用于产品生产的各项费用。也就是企业生产部门在组织和管理产品生产过程中发生的所有不能直接归属到某一特定产品、工序或批量及直接材料、直接人工成本项目的各项费用。根据企业会计制度的规定，制造费用应按费用发生的地点进行归集，期末终了，再采用一定的方法在各成本核算对象之间进行分配，然后才能计入各成本核算对象的成本中去。

制造费用包括的内容很多，也较为复杂，具体表现为：

（1）间接用于产品生产的费用。这部分费用在制造费用中占绝大部分，例如机物料消耗，车间和分厂生产用房屋及建筑物的折旧费、修理费、保险费或租赁费，生产部门生产用的照明费、取暖费、降温费、运输费、劳动保护费以及季节性停工和生产用固定资产修理期间的停工损失等。

(2) 直接用于产品生产，而未专设成本项目的费用。这些费用在管理上不要求单独核算或不便于单独核算。例如生产用机器设备的折旧费、修理费、保险费或租赁费，生产用低值易耗品的摊销，设计图纸费和试验检验费等。生产工艺用动力如果没有专设成本项目，也可列入制造费用。

(3) 生产部门用于组织和管理生产而发生的费用。例如生产部门管理人员工资及福利费，生产部门管理用房屋及设备的折旧费、修理费、保险费或租赁费，生产部门管理用具摊销，以及生产部门的照明费、取暖费、差旅费和办公费等。

制造费用一般都是间接计入费用，包含的内容较多，是综合性费用，属于混合费用项目。制造费用项目中有些与产品的产量变动有关，属于变动费用，但多为固定费用，其费用额不随产品产量的变化而变化。因而制造费用一般不能或不便于按照业务量制定定额，而只能按照车间、部门和费用项目，按会计期间（年度、季度、半年度、月度）制定制造费用预算，控制制造费用总额。可以通过制造费用的归集和分配，反映和监督制造费用计划的执行情况，并将费用正确、及时地计入各有关产品的成本。

（二）制造费用的归集

制造费用的核算将直接影响到产品成本的计算，能否正确归集制造费用是保证其正确分配的前提条件。要正确归集制造费用，应注意分清以下几点：

1. 正确区分制造费用与管理费用

制造费用包括部分用于组织和管理生产的费用，它在某种程度上与管理费用很难区分，但还是存在一定的区别。管理费用是企业行政管理部门组织和管理生产经营的费用，而制造费用是企业生产单位在组织和管理生产时发生的费用。一般企业的生产单位主要指生产车间，如果企业的组织机构分为总厂、分厂、车间等层次，则分厂也是企业的生产单位。因而，分厂和车间用于组织和管理生产的费用，都是制造费用。

2. 正确区分不同生产单位的制造费用

按照企业会计制度规定，制造费用应按费用发生的地点进行归集，因此要正确区分不同生产单位的制造费用，以便于正确计算产品成本，同时了解该部门的费用支出水平和费用构成的变化，并进一步分析该部门费用计划的执行情况，预测费用水平变动趋势。

3. 正确区分不同期间的制造费用

对应计入制造费用的一些跨期调整费用项目，要根据权责发生制原则，正确确定费用的归属期。不能将不属于当期费用列支的费用列入当期制造费用，如将某月预付的固定资产大修理费用，全部计入该月制造费用。避免人为调节成本和利润。

4. 正确区分不同明细项目的制造费用

根据企业会计制度规定，制造费用应按不同的车间部门设置明细账，并按费用项目设置专栏，进行明细核算，这样做有利于了解各个制造费用项目的支出水平，分析和考核制造费用计划的执行情况。

5. 避免任意提高费用开支标准，加大制造费用成本项目

制造费用是产品成本项目之一，应在产品成本构成中占有合适的比重，要避免任意提高费用开支标准，加大成本的制造费用项目。如擅自扩大计提折旧的固定资产范围，或者缩短固定资产的使用年限，以增加固定资产折旧额，加大产品成本。

制造费用的归集通过设置“制造费用”账户进行。该账户属于集合分配账户，借方归集本期发生的制造费用，贷方反映费用的分配。除季节性生产企业外，“制造费用”账户期末一般无余额。为了反映各车间、部门各项制造费用的支出情况，该账户还应按不同的车间、部门设置明细账，账内按照费用项目设立专栏或专户，根据有关的付款凭证、转账凭证和前述各种费用分配表进行登记。

制造费用的费用项目，一般应包括：机物料消耗、工资及福利费、折旧费、修理费、租赁费（仅指经营性租赁）、保险费、低值易耗品摊销、水电费、取暖费、运输费、差旅费、办公费、劳动保护费、设计图纸费、试验检验费等。

企业也可以根据费用的大小及管理要求，另行设立费用项目或对上述费用项目再进行细分或合并，但一经确定，不应任意变更，以利于各期成本费用资料的可比。

制造费用的归集按其记账依据不同可分为以下两种情况：

（1）一般费用发生时，根据有关的付款凭证、转账凭证和前述编制的其他各种费用分配表，借记“制造费用”账户及所属有关明细账。如办公费、差旅费、水电费等。

（2）材料、工资、动力费、折旧费以及待摊、预提费用，在期末应根据汇总编制的各种费用分配表记入“制造费用明细账”。其格式、内容如表 4－1 所示。

表 4－1　　制造费用明细表（基本生产车间）

车间名称：第一基本生产车间 2005 年 5 月　　　　金额单位：元

2005		凭证号	摘　要	材料费用	工资	福利费	折旧费	动力费	低值易耗品摊销	办公费	水电费	保险费	其他	合计
月	日													
2	28		原材料费用分配表	5 600										5 600
			外购动力分配表								900			900
			工资及福利费分配表		4 500	630								5 130
			折旧费用分配表				4 800							4 800
			低值易耗品费用分配表						1 500					1 500
			其他费用分配表							760		5 200	2 450	8 410
			辅助生产费用分配表					3 645.36						3 645.36
			本月合计	5 600	4 500	630	4 800	3 645.36	1 500	760	900	5 200	2 450	29 985.36
			分配转出	5 600	4 500	630	4 800	3 645.36	1 500	760	900	5 200	2 450	29 985.36

二、制造费用归集的账务处理

（一）固定资产的折旧费用和修理费用

生产单位固定资产的折旧费用和修理费用，从其与生产工艺过程的关系看，属于直接费用。为了简化核算，折旧费用和修理费用视同组织和管理生产所发生的间接费用，列入制造费用项目。

1. 固定资产的折旧费用

固定资产的折旧费用是通过按月编制的“折旧费用计算表”确定本期折旧费用后，记入制造费用的。

【例 4－1】 长江企业采用分类折旧率计提折旧，根据该厂月初应计固定资产总值和月分类折旧率编制“固定资产折旧费用计算表”，并据以编制会计分录。

（1）根据企业有关资料编制本月“固定资产折旧费用计算表”，见表 4－2。

表 4－2 **固定资产折旧费用计算表**

2004 年 5 月 单位：元

车间、部门	固定资产类别	固定资产原值	月分类折旧率（%）	月折旧额
第一车间	房屋	400 000	2.5	10 000
	设备	300 000	8.0	24 000
	小计	700 000		34 000
第二车间	房屋	600 000	2.5	15 000
	设备	750 000	8.0	60 000
	小计	1 350 000		75 000
供电车间	房屋	200 000	2.5	5 000
	设备	200 000	7.6	15 200
	小计	400 000		20 200
锅炉车间	房屋	150 000	2.5	3 750
	设备	100 000	7.6	7 600
	小计	250 000		11 350
机修车间	房屋	120 000	2.5	3 000
	设备	140 000	7.8	10 920
	小计	260 000		13 920
企业管理部门	房屋	900 000	2.5	22 500
	设备	200 000	7.6	15 200
	小计	1 100 000		37 700
合　计		4 060 000		192 170

（2）根据本月“固定资产折旧费用计算表”（表 4－2），编制会计分

录如下：

借：制造费用——第一车间　　34 000
　　　　　　——第二车间　　75 000
　　　　　　——供电车间　　20 200
　　　　　　——锅炉车间　　11 350
　　　　　　——机修车间　　13 920
　　管理费用　　37 700
　　贷：累计折旧　　192 170

2. 固定资产修理费用

生产单位的固定资产修理费用，一般可以在发生时直接计入该生产单位当期的制造费用。当修理费用发生不均衡或一次发生的费用数额较大时，也可以采用分期摊销或按计划预提计入制造费用的办法。

【例 4－2】 长江企业固定资产日常修理费用采用一次计入有关成本费用的方法。本月以银行存款支付固定资产修理费 5 600 元，其中：第一车间 1 800 元，第二车间 1 500 元，供电车间 1 200 元，供水车间 700 元，管理部门 400 元。其账务处理如下：

借：制造费用——第一车间　　1 800
　　　　　　——第二车间　　1 500
　　　　　　——供电车间　　1 200
　　　　　　——供水车间　　700
　　管理费用　　400
　　贷：银行存款　　5 600

【例 4－3】 长江企业第二车间设备大修理，以银行存款支付修理费用 24 000 元，计划分 12 个月摊销。其账务处理如下：

支付修理费用时：

借：待摊费用——第二车间大修理　　24 000

贷：银行存款 24 000

按月摊入制造费用时：

借：制造费用——第二车间 2 000

贷：待摊费用——第二车间大修理 2 000

【例 4-4】 假设长江企业第一车间采用按计划预提固定资产大修理的方式。年预计大修理费用 36 000 元，每月预提 3 000 元，固定资产大修理时，实际以银行存款支付修理费用 36 800 元。其账务处理如下：

按月预提大修理费用计入制造费用时：

借：制造费用——第一车间 3 000

贷：预提费用 3 000

全年按计划预提修理费 36 000 元，实际发生修理费用 36 800 元，超过的 800 元可以直接计入支付当月制造费用。

借：预提费用 36 000

制造费用——第二车间 800

贷：银行存款 36 800

如果实际发生的修理费用为 35 500 元，按计划已预提修理费 36 000 元，多提的 500 元应冲减当月制造费用。其账务处理如下：

借：预提费用 35 500

贷：银行存款 35 500

借：制造费用——第一车间 [500]

贷：预提费用 [500]

上述会计分录也可以简化为：

借：预提费用 36 000

制造费用——第一车间 [500]

贷：银行存款 35 500

（二）材料的耗用和低值易耗品摊销

1. 材料的耗用

制造费用中材料的耗用，除了包括车间一般消耗之外，还包括用于机器设备的润滑油、清洁用具等。一般可以根据“耗用材料汇总表”确定的金额，直接列作制造费用。

2. 低值易耗品摊销

低值易耗品是企业不列入固定资产管理的各种用具物品，如工具、管理用具、玻璃器皿、劳动保护用品等。生产单位低值易耗品的消耗从其与生产工艺过程的关系看，有的属于直接费用，如产品生产的专用模具、工具等；有的属于间接费用，如管理用具等。因此，在费用计入产品成本的方式上，有的低值易耗品费用可以计入单独设置的专用工具、模具等成本项目，有的则计入生产单位的制造费用。

由于低值易耗品具有单位价值较低、容易损耗等特点，企业为了简化核算，将其列入流动资产管理。低值易耗品的价值可以一次计入有关成本、费用（一次摊销法），也可以分期摊销计入有关成本、费用（分次摊销法或五五摊销法）。

采用一次摊销法时，企业领用低值易耗品的价值，一般可以与领用其他材料一起，汇总编制“材料耗用汇总表”，据以直接计入有关成本费用。

采用分次摊销法时，领用低值易耗品的价值要按其使用期限分月摊入有关成本、费用。摊销期限在一年内的（包括一年），列入“待摊费用”分月摊销；摊销期限在一年以上的，转作“长期待摊费用”分月摊销。

采用五五摊销法，低值易耗品在领用时摊销其价值的一半，报废时再摊销其价值的另一半。分期摊销的低值易耗品费用，应当按月编制“低值易耗品摊销计算表”，据以计入有关成本和费用。

【例 4－5】　长江企业低值易耗品按计划成本核算，根据“材料耗用汇总表”提供的资料，本月第一车间领用专用工具一批，计划成本9 000元，低值易耗品成本差异率为超支1%，采用分次摊销法摊销，摊销期限为一年；第二车间领用管理用具一批，计划成本6 800元，低值易耗品成本差异率为超支1%，采用一次摊销法。其账务处理如下：

本月领用低值易耗品时：

借：待摊费用——工具摊销　　9 000

　　制造费用——第二车间　　6 800

　　贷：低值易耗品　　14 800

借：待摊费用——工具摊销　　90

　　制造费用——第二车间　　68

　　贷：材料成本差异　　158

分次摊销低值易耗品本月应负担数额为757.5元。

借：制造费用——第一车间　　757.5

　　贷：待摊费用——工具摊销　　757.5

（三）管理人员工资和其他费用

制造费用中，生产单位管理人员的工资和提取的福利费，应当根据“工资结算汇总表”和“应付福利费计算分配表”编制会计分录，计入制造费用明细账；办公费、水电费、差旅费、取暖费、运输费、设计制图费、试验检验费、劳动保护费、财产保险费等，通常以现金或银行存款支付，应当根据有关付款凭证，计入制造费用明细账；需要分期摊销的费用，先计入待摊费用明细账，再分期摊入制造费用。

【例 4－6】　长江企业第二车间本月以现金支付购买办公用品费760元，运输费520元；以银行存款支付劳动保护费3 400元，取暖费1 200元，本月应摊销的报刊订阅费400元，财产保险费2 000元。其账务处理如下：

借：制造费用——第二车间　　5 880

　　贷：现金　　1 280

　　　　银行存款　　4 600

借：制造费用——第二车间　　2 400

　　贷：待摊费用——报刊费　　400

　　　　　　　　——保险费　　2 000

第二节　制造费用的分配

一、制造费用分配概述

通过制造费用的归集，企业在某一会计期间发生的制造费用都已归集到了制造费用明细账中，在会计期末，为了正确计算产品的生产成本，还要将其合理地分配到有关产品的成本中去。制造费用的分配是否合理、准确，关键在于选择恰当的分配标准。制造费用的分配标准应具备以下共同特点：

（1）可计量性。各个受益对象所耗用的分配标准资料容易取得，并且可以客观计量。

（2）共同性。各个受益对象都共同具有该项分配标准。

（3）相关性。分配标准的变化与各个受益对象应负担的制造费用存在一定的因果关系。

根据以上特点，按照企业具体情况，可以选择下列不同指标作为分配标准：①生产工人工资；②生产工人工时；③机器工时；④耗用原材料的数量或成本；⑤直接成本（原材料、燃料、动力、生产工人工资及应提取的福利费之和）；⑥产品产量。

在某生产单位只生产一种产品或只提供一种劳务的情况下，其归集的制造费用直接计入费用，可以直接计入该产品生产成本明细账；当生产单位在生产多种产品或提供多种劳务的情况下，则为间接计入费用，应采用适当的分配方法在各受益对象之间进行分配计入各种产品的成本之中。由于各生产单位制造费用水平不同，制造费用的分配应分车间、部门进行。

二、制造费用分配方法

制造费用分配的方法主要有实际分配率法、计划分配率法和累计分配率法等三种。下面分别进行介绍。

（一）实际分配率法

制造费用分配的实际分配率法是在期末，根据制造费用的实际发生额，按照一定的分配标准，据以分配计入产品成本的一种制造费用分配方法。其基本计算公式如下：

$$\text{制造费用实际分配率}=\frac{\text{本期实际制造费用总额}}{\text{分配标准总额}}$$

$$\text{某种产品应负担的制造费用}=\text{该种产品的分配标准数}\times\text{制造费用实际分配率}$$

公式中的分配标准通常有生产工时（实际或定额）、机器工时、生产工人工资、综合标准等。

1. 按生产工时比例分配

生产工时分配法是以各种产品（各受益对象）的生产工人工时为标准来分配制造费用的一种方法。其计算公式如下：

$$\text{制造费用分配率}=\frac{\text{某生产部门应分配的制造费用总额}}{\text{该生产部门各种产品生产工时之和}}$$

$$\text{某产品应负担的制造费用}=\text{该产品生产工时}\times\text{制造费用分配率}$$

上述两个公式中的生产工时总数，一般是用实际工时，但如果企业产品的定额工时比较准确，也可以用定额工时计算。

【例 4-7】 长江企业第一基本生产车间制造费用明细账归集的本月制造费用总额为 29 985.36 元（见表 4-1），该车间本月实际生产工时是 6 800 小时，其中甲产品 3 800 小时，乙产品 3 000 小时。所生产的甲、乙两种产品按生产工人的实际生产工时比例分配制造费用。则甲、乙产品各自应负担的制造费用计算如下：

$$制造费用分配率=\frac{29\,985.36}{3\,800+3\,000}=4.409\,61$$

甲产品应负担的制造费用＝3 800×4.409 61＝16 756.52（元）

乙产品应负担的制造费用＝3 000×4.409 61＝13 228.83（元）

在实际工作中，制造费用一般是通过编制制造费用分配表进行的。其格式如表 4-3 所示。

表 4-3　　制造费用分配表

生产单位：第一基本生产车间　　2004 年 5 月　　金额单位：元

产品名称	生产工时	分配率	分配金额
甲产品	3 800		16 756.52
乙产品	3 000		13 228.83
合　计	6 800	4.409 61	29 985.35

按生产工时比例分配制造费用，能将劳动生产率与产品负担的制造费用结合起来，使分配结果比较合理。如劳动生产率提高，则单位产品生产工时减少，所负担的制造费用也就降低，反之亦然，所以，它是一种较好的分配方法，在实际工作中用得也较多。但是，如果生产单位生产的各种产品的工艺过程机械化程度差异较大，采用生产工时作为分配标准，会使工艺过程机械化程度较低的产品负担过多的制造费用，致使分配结果与制造费用的实际发生情况不相符合。因此，采用生产工时作为制造费用的分配标准一般适用于机械化程度较低，或生产单位内生产

的各产品工艺过程机械化程度大致相同的单位。

2. 按机器工时比例分配

机器工时比例分配法是以各种产品（各受益对象）的机器设备工作时间（运转时间）为标准来分配制造费用的一种方法。其计算公式如下：

$$\text{制造费用分配率}=\frac{\text{某生产部门应分配的制造费用总额}}{\text{该生产部门各种产品机器工时总数}}$$

$$\text{某种产品应负担的制造费用}=\text{该种产品机器工时}\times\text{制造费用分配率}$$

【例 4-8】 长江企业第二基本生产车间生产甲、乙两种产品。本月该车间制造费用总额为 38 500 元，两种产品机器总工时为 16 000 小时，其中：甲产品 8 900 小时，乙产品 7 100 小时。采用机器工时比例分配法分配第二基本生产车间制造费用，并编制“制造费用分配表”，如表 4-4 所示。

$$\text{制造费用分配率}=\frac{38\,500}{8\,900+7\,100}=2.406\,25$$

甲产品应负担的制造费用＝8 900×2.406 25 ＝ 21 415.63（元）

乙产品应负担的制造费用＝7 100×2.406 25＝17 084.37（元）

表 4-4 **制造费用分配表**

生产单位：第二基本生产车间　　2004 年 5 月　　金额单位：元

产品名称	机器工时（小时）	分配率	分配金额
甲产品	8 900		21 415.63
乙产品	7 100		17 084.37
合　计	16 000	2.406 25	38 500

当机器设备是主要生产因素，而机器工时与人工之间又没有必然联系时，采用这种方法比较合理。特别是在自动化生产时，这种分配标准

能做最精确的分配。因为，在这种情况下，制造费用中与机器设备使用有关的费用比重大，如折旧费、修理费等，而人工费用则较少，如果仍按前种方法分配，则会造成机械化程度较低的产品，由于其所用人工工时较多，负担的制造费用较大；而机械化程度高的产品，由于其所用的人工工时较少，负担的制造费用也较少的不合理分配结果。因此，在机械化程度较高的生产部门，其制造费用采用与设备运转的时间有密切联系的机器工时为标准进行分配比较合理。但采用这种方法，必须具备各种产品所用的机器工时的原始记录，这相应增加了机器工时资料收集的成本。

3. 按生产工人工资比例分配

生产工人工资比例法是按照计入各种产品成本的生产工人实际工资的比例分配制造费用的一种方法。其计算公式如下：

$$\text{制造费用分配率}=\frac{\text{某生产部门应分配的制造费用总额}}{\text{该生产部门直接生产工人工资总额}}$$

$$\text{某种产品应负担的制造费用}=\text{该种产品生产工人工资}\times\text{制造费用分配率}$$

【例 4-9】　长江企业第二基本生产车间制造费用明细账归集的本月制造费用总额为 38 500 元，该车间直接生产工人工资总额为17 500元，其中：甲产品生产工人工资为 9 500 元，乙产品生产工人工资为8 000元。则甲、乙产品各自应负担的制造费用计算如下：

$$\text{制造费用分配率}=\frac{38\ 500}{17\ 500}=2.2$$

甲产品应负担的制造费用＝9 500×2.2＝20 900（元）

乙产品应负担的制造费用＝8 000×2.2＝17 600（元）

分配结果如表 4-5 所示。

表 4－5　　制造费用分配表

生产单位：第二基本生产车间　　2004 年 5 月　　金额单位：元

产品名称	直接人工费用	分配率	分配金额
甲产品	9 500		20 900
乙产品	8 000		17 600
合　计	17 500	2.2	38 500

采用这种分配方法，由于其分配依据（即生产工人工资）可以通过工资分配表直接获得，因而核算工作较为简便。但要注意的是，采用这种方法的前提是各种产品生产的机械化程度应该相差不多，否则，机械化程度高的产品，由于工资费用少，分配负担的制造费用也少，就会影响费用分配的合理性。这是因为制造费用中包括着很多与机械使用有关的费用，例如机器设备的折旧费、修理费、租赁费和保险费等，产品生产的机械化程度高，应该多负担这些费用。因此，这种方法一般适用于各产品的工艺过程机械化程度相差不多或需要工人的操作技能大致相同的情况。

4. 综合分配法

它是根据制造费用各项费用的特性，把其划分为若干类，然后分别采用合理的分配标准进行分配的方法。其目的就是按照制造费用的各个明细账费用项目发生的最相关的标准进行分配，以确保成本计算的正确和及时。

这种分配方法，因为要分别计算分配率，分别计算各产品应负担的制造费用的不同项目的费用，因此计算手续较为繁琐。这种方法一般适用于已经实现会计电算化的企业采用。

（二）计划分配率法

计划分配率法也叫预定分配率法，它是根据企业正常经营条件下的年度制造费用预算数和预计产量的定额标准数预先计算分配率，然后按此分配率分配制造费用的一种方法。制造费用计划分配率因分配标准的不同而不同，但一经确定，年度内一般不作变动。如果实际发生的制造费用与其预算数或实际产品产量与其计划数差距较大，应及时调整计划费用分配率。其计算的基本步骤如下：

（1）计算年度计划分配率。其公式为：

$$\text{制造费用计划分配率}=\frac{\text{某生产部门年度制造费用计划总额}}{\text{该生产部门年度预计产量的定额标准数}}$$

年度预计产量的定额标准数可以是预计产量的生产工人工时，也可以是直接生产工人的工资数，还可以是机器工时数等。

（2）按计划分配率分配制造费用。其公式为：

$$\text{某产品当月应分配的制造费用}=\text{该产品的实际产量定额标准数}\times\text{计划分配率}$$

（3）差异的分配处理。从上述公式中可以看到，制造费用计划分配率是按预计产量考虑的，实际分配的费用是按实际产量计算的，因此，按计划分配率分配的制造费用数与制造费用实际发生数额之间存在着差异，对此差异平时一般不做处理，保留在“制造费用”账户中；年末时，将差异额按本年已分配制造费用的比例进行一次再分配，计入各生产单位12月份所生产的各产品成本中去。如果实际数大于已分配数为超支差异，应将其差异额用蓝字补记，计入各生产部门的产品成本中；如果实际数小于已分配数，则为节约差异，应用红字冲减相关产品成本。下面举例说明。

【例4－10】　仍以长江企业为例，假定全年制造费用预算总额为405 000元，全年甲、乙两种产品的计划总产量分别为5 500件、4 000件，单位产品的工时定额甲产品为20小时，乙产品为13小时。本年3月份生产甲产品500件、乙产品600件，实际发生制造费用44 950元。经查，2月末“制造费用——基本生产车间”明细账有贷方余额300元。有关费用分配结果和制造费用明细账余额的计算如下：

计划完成定额总工时：

5 500×20 ＋4 000×13＝162 000（小时）

制造费用计划分配率：

$$\text{计划制造费用分配率} = \frac{405\,000}{162\,000} = 2.5\ (\text{元/小时})$$

按制造费用计划分配率分配3月份产品应负担的制造费用：

甲产品应分配的制造费用＝500×20×2.5＝25 000（元）

乙产品应分配的制造费用＝600×13×2.5＝19 500（元）

本月分配转出制造费用合计＝25 000 ＋19 500＝44 500（元）

从计算结果可以看出，该企业3月份实际发生制造费用44 950元，按计划分配率分配转出制造费用44 500元，出现超支差异450元(44 950－44 500)。根据上述计算结果，登记计划分配率下制造费用明细账，见表4－6。

表4－6 **制造费用明细账**

生产单位：第二车间 2004年3月 金额单位：元

2004年		凭证号数	摘要	借方	贷方	借或贷	余额
月	日						
3	1		上月结转			贷	300
	31		本月发生费用	44 950		借	44 650
	31		本月分配费用		44 500	借	150
			本月发生额及余额	44 950	44 500	借	150

由此可见，在计划分配率法下，“制造费用”账户1月至11月各月末分配结转后可能有余额，余额既可能在借方，也可能在贷方。“制造费用”账户月末如果有借方余额，表示实际发生的制造费用大于按计划分配率分配的费用，即已经支付但尚未计入成本的费用，属于待摊费用性质；月末如有贷方余额，则表示按照计划分配率分配的制造费用大于

实际发生的费用，即已计入成本但尚未支付的费用，属于预提费用性质。到年底时，如果“制造费用”账户仍有余额，就是全年制造费用的实际发生额与计划分配率分配金额的差额，这一差额中除属于为下年度开工生产作准备的费用可留待下年分配外，其余应在本年末进行一次再分配，调整计入12月份的产品成本中。

【例4－11】 沿用例4－10资料，如果长江企业基本生产车间年末核算时，全年实际发生制造费用550 000元，1月至12月按计划分配率分配转出制造费用共计553 400元，其中：甲产品307 000元，乙产品246 400元。根据上述资料，计算全年制造费用差异额并进行追加分配：

制造费用差异额＝550 000－553 400＝－3 400（元）（节约差异）

$$\text{制造费用差异额分配率}=\frac{-3\,400}{553\,400}=-0.006\,144$$

根据制造费用差异额分配率进行制造费用差异额的追加分配：

甲产品应分配的差异额＝307 000×(－0.006 144)

＝－1 886.16（元）

乙产品应分配的差异额＝246 400×(－0.006 144)

＝－1 513.84（元）

根据本例计算结果，年末调整分配制造费用差异额。由于是节约差异，用红字冲减相关产品成本。编制会计分录如下：

借：生产成本——基本生产成本——甲产品　　1 886.16

——基本生产成本——乙产品　　1513.84

贷：制造费用　　3 400.00

采用年度计划分配率法分配制造费用，由于年度内各月份并不进行差异的再分配，因此，相对来说可简化分配手续，也有利于成本费用的日常控制。但是，确定的计划分配率必须接近实际，如果年度制造费用预算总额与实际差距较大，或者计划生产量与实际差距较大，都会影响成本计算的正确性，因此，该方法要求企业有较高的计划管理水平。这种方法一般适用于季节性生产企业，以便于成本考核和分析。因为在这种企业中，每月发生的制造费用相差不多，但生产的淡季和旺季月产量差异较大，如果按照实际费用分配，各月单位产品中的制造费用将随之或高或低，不便于成本分析工作的进行。采用年度计划分配率分配法可较好地避免这个问题。

（三）累计分配率法

累计分配率法是指将当月完工批次的产品应负担的全部制造费用，在其完工时一次进行分配，而对未完工批次的在产品应负担的制造费用则保留在“制造费用”账户中暂不分配，待其完工后，连同继续耗用的制造费用一起分配的一种方法。其计算公式如下：

$$\text{制造费用累计分配率}=\frac{\text{制造费用期初累计余额}+\text{本月发生的制造费用}}{\text{各种产品累计分配标准之和}}$$

$$\text{完工产品应分配的制造费用}=\text{完工产品的累计分配标准}\times\text{制造费用累计分配率}$$

【例4-12】 假定长江企业本月共生产甲、乙两批产品，甲产品是上月投产，生产工时为3 160小时，本月发生工时5 000小时。乙产品本月投产，工时为6 840小时。月初“制造费用”账户余额为8 500元，本月发生制造费用14 000元。假设甲产品本月完工，乙产品尚未完工。采用累计分配率法分配制造费用，其计算过程如下：

$$\text{制造费用累计分配率}=\frac{8\,500+14\,000}{3\,160+5\,000+6\,840}=1.5\text{（元/小时）}$$

甲产品应分配的制造费用＝(3 160＋5 000)×1.5＝12 240（元）

乙产品因为尚未完工，所以暂不分配。可将乙产品应负担的制造费用10 260元［(8 500＋14 000)－12 240］保留在“制造费用”账户中，待乙产品完工时，再按累计分配率计算分配其应负担的制造费用。

根据上述计算分配过程可以看出，制造费用采用累计分配率法，只要月末有在产品，“制造费用”账户一定会有借方余额，该余额表示月末在产品应负担的制造费用。

前面介绍的几种制造费用分配方法都是将当月发生的制造费用对受益对象进行分配的方法，属于当月分配法。如果企业产品的生产周期较长（超过一个月），而且产品的批次较多，每月完工产品的批次只占全部产品批次的一部分，那么采用当月分配法就会增加分配计算和登记制造费用明细账的工作量。这时运用累计分配率法可以避免上述情况，大大简化制造费用的核算和登账工作量。但是，由于累计分配率是一种加权平均的分配率，如果各月制造费用水平相差较大，则分配的制造费用将与实际情况不符，影响成本计算的正确性。因此，这种方法一般适用于企业产品的生产周期较长、批次较多，而且各月的制造费用水平差异不大的情况。

综上所述，企业的生产部门究竟具体采用哪种制造费用的分配方法、选择哪种分配标准，由企业根据自己的生产特点和成本管理的要求合理地加以确定。制造费用的分配方法一经确定，在条件没有变化的情况下，不应随意变更，如需变更，应在会计报表附注中予以说明。

三、制造费用分配的账务处理

不论采用哪种分配方法，制造费用的分配核算都通过编制“制造费用分配表”来进行（参见表 4－3、4－4、4－5）。根据“制造费用分配表”编制会计分录，登记“生产成本明细账”。下面以表 4－3 为例，编制会计分录：

借：生产成本——基本生产成本——甲产品　　16 756.52
　　　　　　——基本生产成本——乙产品　　13 228.83
　贷：制造费用　　　　　　　　　　　　　　　29 985.35

【本章小结】

本章主要介绍制造费用归集和分配的核算。

制造费用是企业为生产产品而发生的，应该计入产品成本的各项间接生产费用，它在产品成本中占有一定的比重，由不同要素费用所构成。这些费用中，有的在发生时直接计入“制造费用”账户，有的则通过分配计入“制造费用”账户。

归集到“制造费用”账户的生产费用，在期末要采用适当的方法分配到有关的产品成本中。当企业只生产一种产品时可直接计入；生产多种产品时可选择生产工时、生产工人工资、机器工时等不同分配标准，采用实际分配率法、计划分配率法或累计分配率法等不同分配方法进行制造费用的分配，计入有关产品的成本。

实际分配率法根据制造费用实际发生额，按照一定的分配标准，将制造费用分配计入产品成本；计划分配率法是根据企业年度制造费用预算数和预计产量的定额标准数预先计算计划分配率，然后按计划分配率分配制造费用的一种方法；累计分配率法是根据当月产品是否完工来进行制造费用的分配。企业生产部门究竟应该采用哪种制造费用的分配方法、选择哪种分配标准，由企业根据自己的生产特点和成本管理的要求合理地加以确定。

【复习思考题】

1. 什么是制造费用？它包括的主要项目有哪些？
2. 怎样归集制造费用？如何对其进行明细分类核算？
3. 要正确归集制造费用，应注意哪些事项？
4. 生产单位耗用的低值易耗品是怎样计入制造费用的？
5. 如何选择制造费用的分配标准？
6. 制造费用的分配方法主要有哪些？各种方法有什么特点？
7. 采用计划分配率法怎样分配制造费用？

第五章　废品损失和停工损失的核算

【学习目标】

通过本章学习，了解废品和废品损失的含义、分类，掌握不可修复废品和可修复废品的废品损失计算，以及废品损失的核算方法；了解停工损失的概念，掌握停工损失的核算账户设置及其账务处理。

第一节　废品损失的核算

一、废品及废品损失的概念和种类

（一）废品及其种类

1. 废品的含义

废品是指在生产过程中发生的质量不符合规定的技术标准，不能按原定用途加以利用，或者需要经过加工修理后才能按原定用途使用的产成品、在产品、半成品和零部件等。它包括在生产过程中发现的以及入库以后发现的所有废品。

2. 废品的种类

废品按其是否可修复，分为可修复废品和不可修复废品两种。判断可否修复时，主要是从技术上、经济上两个方面考虑。可修复废品是指技术上可以修复，并且支付修复费用在经济上合算的废品；不可修复废品是指在技术上不可修复，或者支付的修复费用在经济上不合算的废品。

废品按其产生的原因不同，分为工废品和料废品。工废品是指由于生产工人操作原因（如看错图纸、违反操作规程等）造成的废品，工废品的产生属于操作工人的过失，应由操作工人承担责任；料废品是指由于被加工的原材料、半成品或零部件质量不符合要求而造成的废品，如采购部门购入的原料不合格。料废品的产生不应由生产工人承担责任。

（二）废品损失的含义

废品损失是指企业由于生产原因造成废品而产生的损失，包括在生产过程中发现的和入库后发现的不可修复废品的生产成本，以及可修复废品的修复费用，扣除回收的废品残料价值和应由过失单位或个人赔款以后的损失。修复费用是指可修复废品在返修过程中所发生的修理费用，包括修理耗用的直接材料、动力、直接人工、应负担的制造费用等。

应注意，在核算中下列内容不应列为废品损失的核算范围：

(1) 质量虽不符合规定标准，但经质量检验部门鉴定不需要返修，可以降价出售的不合格品，应作次品处理，与合格品同等计算成本，其降价损失应列入销售损失，不应作为废品损失处理。

(2) 产成品入库以后，由于保管不善、运输不当或其他原因而造成的损坏变质，其损失属于管理上的原因，应列作管理费用，也不应作为废品损失处理。

(3) 实行产品包退、包修、包换的“三包”企业，在产品出售以后发现的废品所发生的一切损失，也应计入管理费用，不包括在废品损失内。

二、废品损失核算账户的设置

废品的产生会减少产量，增加生产损失，提高企业产品成本，影响生产计划的完成。正确组织废品损失的核算，对于改进生产管理，降低产品成本，提高产品质量，具有重要意义。

废品损失的核算账户设置有两种方式：一种是在“生产成本”等账户下设置“废品损失”二级账户进行核算；此外也可增设“废品损失”总分类账户。

在经常发生废品损失的企业，为了便于分清经济责任，考核和控制各生产单位的废品损失，应单独设置“废品损失”总分类账户组织废品损失的核算。本账户借方归集不可修复废品的生产成本和可修复废品的修复费用；贷方登记废品残料的回收价值、应收的赔款和分配结转的废品损失；分配结转后该账户月末一般无余额。“废品损失”账户应按基本生产车间分产品品种设置多栏式明细账，按成本项目设置专栏进行明细分类核算。同时，在产品成本项目中，应当增设“废品损失”成本项目。

发现废品后，由质检人员填制“废品通知单”，单内填明废品的名称、数量、产生的原因和过失人赔偿金额等。成本会计人员应该会同检验人员对废品通知单上所列废品产生的原因和过失人等项目加强审核。对送交仓库的不可修复废品，应另填制“废品交库单”，单上注明废品的残料价值。对可修复废品，在返修过程中所领用的各种材料及所耗工时，应另填制领料单、工作通知单以及其他有关凭证，并在单上注明“返修废品用”标记。“废品通知单”、“废品交库单”等经过审核后，作为废品损失核算的依据。

三、不可修复废品损失的核算

不可修复废品损失的核算涉及两个方面的内容，即不可修复废品报废损失的计算和对损失的账务处理。

不可修复废品的报废损失是指废品的生产成本扣除回收的残料价值及应收赔款后的净损失。由于不可修复废品生产成本是同合格品成本归集在一起的，所以必须采用一定的方法，将废品报废以前与合格品计算在一起的各项费用，在合格品与废品之间进行分配。废品生产成本一般可按废品所耗实际费用计算，也可按废品所耗定额费用计算。其计算过程通常是通过编制“废品损失计算表”来进行。

（一）按废品所耗实际费用计算和分配废品损失

这一方法是指在废品报废时，根据废品和合格品发生的全部实际费用，采用一定的分配标准，在合格品与废品之间进行分配，计算出废品的实际成本。其计算公式如下：

$$\text{废品应负担的直接材料费用}=\frac{\text{材料费用总额}}{\text{合格品数量（或工时）}+\text{废品数量（或工时）}}\times\text{废品数量（或工时）}$$

$$\text{废品应负担的直接人工费用}=\frac{\text{人工费用总额}}{\text{合格品数量（或工时）}+\text{废品约当产量（或工时）}}\times\text{废品约当产量（或工时）}$$

$$\text{废品负担的制造费用}=\frac{\text{制造费用总额}}{\text{合格品数量（或工时）}+\text{废品约当产量（或工时）}}\times\text{废品约当产量（或工时）}$$

如果该产品于月末尚有部分产品尚未完工，则上式分母中还应包括在产品约当产量（或工时）。

所谓约当产量，就是指在产品按一定标准折合成完工产品的数量，具体折合时应根据完工程度（投料程度、加工程度）进行折算。

【例 5－1】 长江企业第一基本生产车间本月共生产甲产品 10 000 件，其中合格品为 9 800 件，不可修复废品为 200 件。200 件废品中，有 100 件平均加工程度为 50%，另有 100 件是在加工完成验收入库时发现的。甲产品实际生产总费用为：直接材料 860 000 元，直接人工 167 160元，制造费用 101 490 元。甲产品原材料在生产开始时一次投入，200 件废品与合格品等同分配材料费用，直接人工费用和制造费用按200件废品折合为150件（100×50%＋100）合格品后，与合格品等同分配费用。废品残料价值为5 000元，已交原材料仓库验收；按规定应由过失人赔偿800元。根据上述资料计算废品损失，其计算过程和账务处理如下：

（1）不可修复废品损失的计算见表5-1：

表5-1　　不可修复废品损失计算表（按实际成本计算）

生产单位：第一基本生产车间　　　2004年5月　　　金额单位：元

项　目	直接材料	直接人工	制造费用	合　计
生产总成本	860 000	167 160	101 490	1 128 650
分配标准量	10 000	9 950	9 950	
费用分配率	$\frac{860\ 000}{9\ 800+200}$ =86	$\frac{167\ 160}{9\ 800+150}$ =16.80	$\frac{101\ 490}{9\ 800+150}$ =10.20	
废品生产成本	200×86 =17 200	150×16.8 =2 520	150×10.20 =1 530	21 250
减：回收残值	5 000			5 000
责任赔偿	800			800
废品损失	11 400	2 520	1 530	15 450

（2）根据不可修复废品损失计算表，编制会计分录如下：

①应根据不可修复废品损失计算表，将不可修复废品的生产成本转入“废品损失”账户：

借：废品损失　　　　　　　　　　　　21 250

　　贷：生产成本——基本生产成本　　　　21 250

②废品残料的回收价值和应收的赔款，应从“废品损失”账户的贷方转出：

借：原材料　　　　　　　　　　　　　5 000

其他应收款　　　　　　　　　　　　　　800

贷：废品损失　　　　　　　　　　　　　　5 800

③ 结转废品净损失。上述“废品损失”账户借方发生额大于贷方发生额的差额，就是废品净损失，应分配结转由本月同种产品的成本负担：

借：生产成本——基本生产成本　　　　　15 450

贷：废品损失　　　　　　　　　　　　　15 450

由上述账务处理过程可以看出，对于不可修复废品损失的核算，首先要将其生产成本从基本生产成本明细账中转出（21 250 元），转入“废品损失”账户单独核算废品损失。然后扣除废品残料的回收价值和应收的赔款（5 800 元），以计算废品净损失（15 450 元）。最后，将废品净损失转回基本生产成本（15 450 元），由当期同种合格产品的成本负担。经过以上处理，基本生产成本账户转出 21 250 元，转回 15 450 元，总额减少 5 800 元。这是否意味着由于产生废品，反而导致产品成本下降呢？答案并非如此，基本生产成本总额减少，使得产品总成本降低，但是由于产生废品，合格品数量减少，因而合格品的单位成本没有降低，而是提高了。

（二）按废品所耗定额费用计算和分配废品损失

上述按废品的实际费用来计算和分配废品损失，计算结果比较符合实际，但核算工作量较大。为简化核算，在消耗定额和费用定额比较健全的企业，也可以按废品所耗定额费用计算不可修复废品的生产成本，即按废品的数量和各项费用定额计算废品的定额成本，再将废品定额成本扣除废品残值或应收赔款后即为废品损失，而不考虑废品实际发生的费用。

【例 5－2】　假设长江企业 2004 年 5 月在生产甲产品过程中发现不可修复废品 4 件。该产品原材料在生产开始时一次投入，单件原材料费用定额为 270 元，废品已完成的定额工时 115 小时，每小时费用定额为：直接人工 5 元，制造费用 3 元。不可修复废品的残料作价 320 元入库，按定额费用计算废品损失。

表 5－2　　不可修复废品损失计算表（按定额成本计算）

第一车间：甲产品　　　　2004 年 5 月　　　　单位：元

项　　目	产量（件）	直接材料	定额工时	直接人工	制造费用	合　计
费用定额		270		5	3	—
废品成本	4	1 080	115	575	345	2 000
减：回收残值		320				320
废品损失		760		575	345	1 680

根据表 5－2，编制会计分录如下：

①将不可修复废品的生产成本转入“废品损失”账户：

借：废品损失　　　　2 000

　　贷：生产成本——基本生产成本　　　　2 000

②回收残料价值从“废品损失”账户的贷方转出：

借：原材料　　　　320

　　贷：废品损失　　　　320

③ 结转废品净损失：

借：生产成本——基本生产成本　　　　1 680

　　贷：废品损失　　　　1 680

采用这一方法，计算比较简便，便于进行成本的分析和考核，对于具备比较准确的定额资料的企业尤为适用。

四、可修复废品损失的核算

可修复废品损失是指在修复过程中发生的各种修复费用，扣除其回收的残料价值和应收赔款后的损失。可修复废品返修以前发生的生产费用不是废品损失，因为可修复废品修复后仍可作为合格品入库待售，因此不必计算原来的生产成本而只需要计算其修复费用。

可修复废品的修复费用包括直接材料、直接人工和应负担的制造费用等。材料费用一般可以根据有关领料凭证直接确定；人工费用有的可以直接确定，有的需要根据修复废品实际消耗的工时和小时工资率计算确定；应负担的制造费用不能直接确定，一般可以根据修复废品实际消耗的工时和小时费用率计算确定。

可修复废品损失一般在废品修复时计算。其计算公式如下：

修复费用 = 修复废品材料费用 + 修复废品工资及福利费 + 修复废品制造费用

可修复废品损失 = 修复费用 − 残值回收（应收赔偿）

上述公式中的材料费用、工资及福利费和制造费用数额从各费用分配表中取得。核算时，可修复废品返修发生的各种费用，应根据各种费用分配表，记入“废品损失”账户的借方。其回收的残料价值和应收的赔款，应从“废品损失”账户的贷方转出，转入“原材料”和“其他应收款”账户的借方。废品修复费用减去残料和赔款后的废品净损失，也应从“废品损失”账户的贷方转入“基本生产成本”账户的借方，在所属有关的产品成本明细账中，记入“废品损失”成本项目。具体会计处理如下：

1. 根据各费用分配表结转修复费用时：

借：废品损失——××产品

　　贷：原材料（应付工资、制造费用等）

2. 回收残值或应收赔偿款时：

借：原材料（或其他应收款）

　　贷：废品损失——××产品

3. 废品损失计入生产成本时：

借：生产成本——基本生产成本——××产品

　　贷：废品损失——××产品

在不单独核算“废品损失”的生产企业，不设“废品损失”账户，在产品成本项目中也不设“废品损失”项目，只是在回收残值或应收赔款时冲减“生产成本——基本生产成本”账户，并从其生产成本明细账的有关成本项目中扣除。

第二节 停工损失的核算

一、停工损失的归集

（一）停工损失的含义和内容

停工损失是指企业生产车间或生产班组由于停电、待料、机器设备发生故障或进行大修理，以及发生非常灾害或计划减产而停止生产所造成的损失。停工损失主要包括停工期间内发生的燃料及动力费、损失的材料费用、应支付的生产工人工资及提取的福利费和应负担的制造费用等。由过失单位或保险公司负担的赔偿应冲减停工损失。

造成生产单位停工的原因是多种多样的，有季节性停工、机器设备大修理停工、原材料和半成品供应不及时停工；有计划内停工和计划外停工等。停工的时间有长有短，短则几分钟，长则超过一个月，范围亦有大有小，从某台设备、某个生产班组、车间到全厂。为了简化核算，对于全车间或班组不满一个工作日的停工，一般可以不计算停工损失。具体计算停工损失的范围和时间起点，可由企业或主管部门界定。只有超过界定的时间、范围的停工才计算停工损失。季节性生产企业在停工期间内发生的费用，应当采用待摊、预提的方法，由开工期内的生产成本负担，不作为停工损失。

（二）“停工损失”的账户设置

企业发生停工时，由车间填制“停工单”，并在考勤记录中登记，在“停工单”中，应详细列明停工的范围、起止时间、原因、过失单位或个人等内容。“停工单”经会计部门审核后，作为停工损失核算的原始凭证。

为了考核和控制企业停工期间发生的各项费用，应当设置“停工损失”总分类账户或者在“生产成本”总分类账户下设置“停工损失”明细账，组织停工损失的核算，并且在产品生产成本明细账中增设“停工损失”成本项目。

“停工损失”账户是为了归集和分配停工损失而设立的，该账户的借方归集生产单位本月发生的各项停工损失，贷方登记应索赔的停工损失和分配结转的停工损失，分配结转后该账户月末一般无余额。该账户应按生产单位设置明细账，账内按费用项目分设专栏或专行进行明细分类核算。

在停工损失中，原材料、水电费、生产工人工资以及提取的福利费等，一般可以根据有关原始凭证确认后直接计入；制造费用能够直接确认的应尽量直接计入，不能直接确认的可以按照停工工时数和小时制造费用分配率（计划或实际）分配计入。

二、停工损失的分配

企业“停工损失”账户归集的停工损失，应当根据发生停工的原因进行分配和结转。可以获得赔偿的停工损失，应当积极索赔，并冲减停工损失；由于自然灾害等引起的非常停工损失，应计入营业外支出；其他停工损失，如季节性和固定资产修理期间的停工损失，应计入产品成本。如果停工的生产单位只生产一种产品，可直接计入该种产品生产成本明细账中单独设置的“停工损失”成本项目；如果停工的生产单位生产多种产品，则可以采用分配制造费用的方法在各种产品之间进行分配以后，分别计入该生产单位各种产品生产成本明细账中的“停工损失”成本项目。具体会计处理程序如图 5－1 所示：

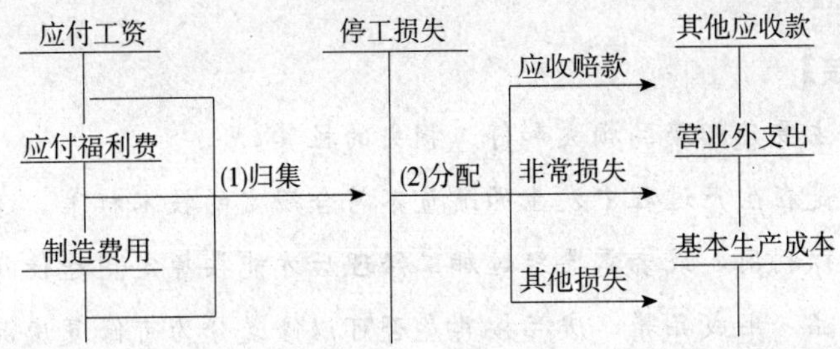

图 5－1 停工损失账务处理程序示意图

其有关的账务处理如下：

(1) 发生停工损失时，作会计分录如下：

借：停工损失

  贷：应付工资

    应付福利费

    制造费用等

(2) 应向过失单位或保险公司索赔的款项，作会计分录如下：

借：其他应收款

  贷：停工损失

(3) 由于自然灾害等引起的非正常停工损失，作会计分录如下：

借：营业外支出

  贷：停工损失

(4) 其他原因造成的停工损失，作会计分录如下：

借：生产成本——基本生产成本

  贷：停工损失

在不单独核算停工损失的企业，不设置“停工损失”账户及“停工损失”成本项目。在停工损失发生较少的企业，为简化核算工作，停工期间发生的属于停工损失的各种费用，直接计入“制造费用”和“营业外支出”等账户。

【本章小结】

本章主要介绍废品损失和停工损失的核算。

废品是在生产过程中发生的质量不符合规定的技术标准，不能按原定用途加以利用，或者需要经过加工修理后才能按原定用途使用的产成品、在产品、半成品等。废品按其是否可以修复分为可修复废品和不可修复废品两种。

废品损失是指企业由于生产原因造成废品而产生的损失，包括不可修复废品的生产成本和可修复废品的修复费用，扣除回收的废品残料价值和应由过失单位或个人赔款以后的损失。不可修复废品损失的核算可以采用按实际费用计价法或按定额费用计价法；可修复废品损失主要指各种修复费用，它在返修以前发生的生产费用不是废品损失。废品损失的核算通过专设“废品损失”账户进行，月末分配转给本月合格产品的成本负担。

停工损失是指企业生产车间或生产班组由于各种原因停止生产所造成的损失。停工损失的核算通过专设“停工损失”账户进行，月末根据不同原因将其净额转入“生产成本——基本生产成本”账户、“其他应收款”账户或“营业外支出”等账户。

【复习思考题】

1. 什么是废品？如何进行废品的分类？
2. 什么是废品损失？废品损失包括哪些内容？
3. 为什么要将废品划分为可修复废品、不可修复废品？
4. 可修复废品损失和不可修复废品损失各包括哪些内容？两者的核算方法有何不同？
5. 如何分配结转废品损失？
6. 有人认为："从核算过程看，废品损失可降低生产总成本，因此废品越多越好。"你同意这一看法吗？为什么？
7. 什么是停工损失？哪些费用应计入停工损失？
8. 如何分配结转停工损失？

第六章　生产费用在完工产品与在产品之间的分配

【学习目标】

通过本章学习，了解在产品和完工产品的含义，理解在产品的核算和管理；掌握生产费用在完工产品与月末在产品之间的分配方法。

第一节　完工产品与在产品概述

通过前面几章各项要素费用的归集和分配，企业在生产过程中发生的应计入本月各种产品成本的生产费用，都已计入了“生产成本——基本生产成本”账户及其所属各种产品生产成本明细账。月末，如果产品已经全部完工，生产成本明细账中归集的生产费用（如果有月初在产品，应包括月初在产品生产费用）就是该种完工产品的生产成本；如果产品全部未完工，生产成本明细账中归集的生产费用就是该种产品在产品的生产成本；如果既有完工产品又有在产品，那么，生产成本明细账中归集的生产费用就是完工产品与在产品的总成本，为了计算产品成本，需将生产费用在完工产品与在产品之间进行分配，分别计算出完工产品与月末在产品成本。

月初在产品费用、本月生产费用、本月完工产品费用和月末在产品费用四者之间的关系，可用下列公式表示：

$$\text{月初在产品费用} + \text{本月生产费用} = \text{本月完工产品费用} + \text{月末在产品费用}$$

在公式前两项已知的情况下，完工产品与月末在产品之间分配生产费用的方法通常有两类：一类是先确定月末在产品费用，再计算完工产品费用；另一类是将前两项之和（即总生产费用）按一定的分配比例在完工产品与在产品之间进行分配，同时计算出完工产品和月末在产品费用。无论采用哪一类方法，都必须正确组织在产品收发结存的核算，取得在产品动态和结存的数量资料。

一、在产品与完工产品的含义及特点

（一）在产品的含义及特点

工业企业的在产品是指处于生产加工过程中尚未完工的产品。它有广义和狭义之分。广义的在产品是就整个企业而言的，它是指没有完成全部生产过程，不能作为商品销售的产品，包括正在加工中的在制品、已完成一个或多个生产步骤，尚需继续加工的半成品、尚未验收入库的产成品以及等待返修的废品等。狭义的在产品是就某一生产单位（分厂、车间）或某一生产步骤而言的，它只指本生产单位或生产步骤尚未加工完成的产品，不包括本生产单位或生产步骤已经完工交出的自制半成品。

在产品的管理和核算是成本核算的基础工作，它对正确及时地计算完工产品成本、强化存货资金管理、提高资金使用效率具有重要意义。

（二）完工产品的含义及特点

完工产品也有广义和狭义之分。狭义的完工产品是指完成全部生产过程、经验收合格入库、可对外销售的产品，即通常所说的产成品；广义的完工产品，不仅包括产成品，也包括由某生产单位或生产步骤加工完成，但并没有完成全部生产步骤，交半成品库验收保管的自制半成品。

正确划分完工产品与在产品的界限，是保证正确进行产品成本计算的前提。

二、完工产品与在产品的管理

完工产品与在产品都属于企业的存货，为了正确核算完工产品和在产品成本，必须准确确定完工产品与在产品数量。完工产品是已验收入库的产品，和其他存货一样，为保证其安全完整，做到账实相符，企业必须定期进行清查盘点。而在产品是一种特殊的存货，又一直处于不断的流动之中，所以必须加强在产品实物的管理。

（一）在产品数量的确定

为了加强在产品实物的管理，严格控制在产品数量，企业必须设置“在产品台账”（即“在产品收发结存账”），根据有关领料凭证、在产品内部转移凭证、在产品检验凭证和产品入库单等原始凭证逐笔登记。企业各车间、部门要做好在产品的日常管理核算工作，健全在产品的计量、验收、交接手续，及时登记在产品台账。

表 6－1　　在产品台账（在产品收发结存账）

车间：装配车间　　2004 年 5 月　　零部件名称：法兰盘

月	日	摘　要	收入		发出		结存	
			凭证号	数量	凭证号	数量	完工产品	未完工产品
5	1	结存						300
5	6	收入	5018	260			160	400
5	15	发出			5031	190	120	250
		……						

（二）在产品清查的核算

为了核实在产品实际结存数量，保证在产品的安全完整，做到账实相符，必须定期地进行在产品的清查盘点。

在产品的清查一般于月末进行，并采用实地盘点法。根据盘点的结果，应填制“在产品盘点表”，并与在产品的台账核对，如有不符，还应填制“在产品盘盈盘亏报告表”，并说明发生盘盈盘亏的原因及处理意见等。对于毁损的在产品，还要登记残值。会计人员应在认真审核并报有关部门和领导审批后，对清查的结果进行相应的账务处理。

为了全面反映在产品的盘盈、盘亏和毁损的处理过程，盘盈、盘亏和毁损在产品的生产成本，应通过“待处理财产损溢”账户核算，盘亏、毁损和报废在产品的生产成本，登记在该账户的借方；盘盈在产品的生产成本登记在该账户的贷方。盘亏、毁损和报废在产品，扣除过失人和保险公司赔款以及残料价值后的净损失列作管理费用；因为意外灾害等非常损失造成的在产品毁损，扣除保险公司赔款和残料价值以后的净损失，列作营业外支出；盘盈在产品的价值，冲减管理费用。盘盈、盘亏、毁损和报废在产品经批准按上述原则转销以后，“待处理财产损溢”的有关明细账户应无余额。

第二节　完工产品与在产品之间的费用分配

一、完工产品与在产品之间的分配费用方法

如何能既合理又简便地在完工产品与月末在产品之间分配生产费用，是产品成本计算工作中一个重要而关键的问题。企业应根据在产品数量的多少、各月末在产品数量变化的大小、各项费用比重的大小以及定额管理基础的好坏等具体条件，采用适当的分配方法。在本章第一节中我们已阐述了月初在产品费用、本月生产费用、本月完工产品费用和月末在产品费用四者之间的关系，根据这四项要素之间的关系，完工产品与月末在产品之间分配生产费用通常有两类方法：

一类是先确定月末在产品费用，再计算完工产品费用。此种方式先

采用一定方法对期末在产品计价，然后从生产费用总额中减去月末在产品成本，就可计算出本月完工产品成本。对月末在产品费用先行计价的方法有：不计算在产品成本法、固定计算在产品成本法、在产品按所耗原材料费用计价法和在产品按定额成本计价法。其计算公式如下：

本月完工产品费用＝月初在产品费用＋本月生产费用－月末在产品费用

另一类是将前两项之和（即总生产费用）按一定的分配方法直接在完工产品与在产品之间进行分配，同时计算出完工产品和月末在产品费用。常用的分配方法主要有：约当产量比例法和定额比例法。

综上所述，完工产品与在产品之间分配生产费用共有六种方法，下面一一介绍。

（一）不计算在产品成本法

不计算在产品成本法是指月末虽然有在产品，但是因为在产品数量很少，价值很低，可以不计算在产品成本。根据上述公式可以看出，如果各月末在产品数量很少，那么月初和月末在产品的成本就很小，月初在产品成本与月末在产品成本的差额更小，算不算各月末在产品成本对于完工产品成本影响很小，为简化计算，在计算完工产品成本时，可以将期末在产品成本忽略不计。即某种产品本月归集的生产费用全部由该种完工产品负担。

这种方法主要适用于各月末在产品数量很少、价值很低，且各月在产品数量比较稳定的产品。

（二）固定计算在产品成本法

固定计算在产品成本法是指年内各月在产品成本都按年初在产品成本计算，固定不变。它适用于各月末之间在产品数量较少，或者在产品数量虽大但各月之间在产品数量变化不大的情况。因为在这种情况下，月初、月末在产品成本差额不大，各月初、月末在产品成本的差额对完工产品的确定影响很小。因此，为简化计算，年内各月在产品成本可以固定按年初数计算。在这种方法下，某种产品本月发生的生产费用就是本月完工产品的成本。但在年终时，应根据实际盘点的在产品数量，具体确定年末在产品的实际成本，并据以计算 12 月份的完工产品成本。将计算出的年末在产品成本，作为下一年度各月固定的在产品成本，以免相隔时间过长，使在产品成本与实际出入过大，影响成本计算的正确性。

（三）在产品按所耗原材料费用计价法

在产品按所耗原材料费用计价法是指月末在产品成本只按所耗的原材料费用计算确定，人工费用和制造费用等加工费用全部由完工产品成本承担。它适用于各月末在产品数量较大，各月末在产品数量变化也较大，同时原材料费用在成本中所占比重较大的产品。这是因为，各月末在产品数量较大且变化也较大的产品采用上述两种方法都不合适，因而对月末在产品成本就要采用具体的计算方法计算。由于产品成本中原材料费用比重大，人工及制造费用比重较小，对于未完工的在产品来说，其人工、制造费用就更小，这样月初、月末在产品人工和制造费用的差额也就很小。因此，为了简化计算工作，在产品可以不计算人工及制造费用，例如，造纸、酿酒等行业的产品。在这种方法下，某种产品的全部生产费用减去月末在产品的原材料费用，就是完工产品成本。

【例 6-1】　长江企业生产 A 产品，该产品原材料费用在产品成本中比重较大，在产品成本只计算原材料费用。A 产品月初在产品原材料费用（即月初在产品成本）为 89 000 元，本月原材料费用 221 000 元，直接人工 8 000 元，制造费用为 12 000 元，完工产品 800 件，月末在产品 200 件。原材料在生产开始时一次投入。

用在产品按所耗原材料费用计价法，计算完工产品和月末在产品成本如下：

原材料费用分配率＝（89 000＋221 000）/（800＋200）

＝310（元/件）

完工产品原材料费用＝800×310＝248 000（元）

月末在产品成本（月末在产品原材料费用）＝200×310＝62 000（元）

完工产品成本＝248 000＋8 000＋12 000＝268 000（元）

根据计算结果，填列产品成本明细账：

表 6－2　　生产成本明细账

产品：A 产品　　2004 年 5 月　　单位：元

项　目	直接材料	直接人工	制造费用	合　计
月初在产品成本	89 000			89 000
本月生产费用	221 000	8 000	12 000	241 000
生产费用合计	310 000	8 000	12 000	330 000
完工产品成本	248 000	8 000	12 000	26 8000
月末在产品成本	62 000			62 000

（四）约当产量比例法

约当产量比例法是将期初结存的在产品成本与本期发生的生产费用之和，按完工产品数量与月末在产品约当产量的比例进行分配，以计算完工产品成本和月末在产品成本。分配时分成本项目进行。它适用于月末在产品数量较大，各月末在产品数量变化也较大，产品成本中各种费用比重相差不多的产品。

采用约当产量法分配生产费用，关键在于确定月末在产品的约当产量。月末在产品的约当产量是指按照月末在产品盘存数量和在产品的完工程度，将在产品折算为相当于完工产品的数量，其计算公式为：

月末在产品约当产量＝月末在产品数量×在产品完工程度（或投料程度）

由以上公式可以看出，计算约当产量的关键，在于正确确定在产品完工程度或投料程度。由于产品生产过程中，材料费用、人工费用和制造费用的发生情况不同，在产品完工程度（或投料程度）的确定也不一样，下面分成本项目加以说明：

1. 分配直接材料费用时在产品约当产量的计算

分配直接材料费用时在产品约当产量一般按投料程度计算。在产品的投料程度是指在产品已投材料占完工产品应投材料的百分比。在生产过程中，材料投入方式不同，在产品投料程度的计算方法也不一样。材料投入方式主要有两种，即原材料在生产开始时一次投入和原材料分次在各工序开始时投入。

(1) 原材料在生产开始时一次投入。这种情况下在产品与完工产品所耗材料数量相同，因而在产品的投料程度为100%。这样，无论在产品的完工程度如何，分配材料费用时，直接按完工产品与在产品的数量比例进行分配。

(2) 原材料在各工序开始时一次投入。这种情况下月末在产品的投料程度要按其所处工序按下列公式计算：

$$\text{某工序投料程度（\%）}=\frac{\text{在产品上道工序累计投入材料费用（数量）}+\text{在产品本道工序投入材料费用（数量）}}{\text{单位完工产品应投入材料费用（数量）}}\times 100\%$$

上述公式中的材料费用也可以是材料数量，数据可以是实际数也可以是定额数。

【例6-2】 长江企业生产的乙产品经两道工序制成，其原材料分两道工序在每道工序开始时一次投入，投料量分别为100千克，60千克。各工序在产品数量分别为200件、300件，则每道工序在产品的投料程度及约当产量为：

第一工序在产品投料程度＝100/160＝62.5%

第二工序在产品投料程度＝（100＋60）/160＝100%

在产品约当产量＝200×62.5%＋300×100%＝425（件）

2. 分配其他成本项目时在产品约当产量的计算

对于直接材料费用以外的其他成本项目在产品约当产量的计算，通常按加工程度确定。因为这些费用的发生与加工程度关系密切，它们随着工艺过程的进行逐渐投入耗费，在产品加工程度越高，该产品应负担的这部分费用也越多。加工程度可以按照各工序分别计算，也可以不分工序确定一个平均完工程度。

(1) 当在产品的直接人工费用和制造费用在生产过程中比较均衡时，在产品加工程度可以统一按50%计算。

这种方法适用于各工序在产品数量和单位产品在各工序的加工量都相差不多的情况。因为在这种情况下，后面各工序在产品多加工的程度可以抵补前面各工序少加工的程度，这样为了简化计算，就可以对全部在产品完工程度都按50%计算。

(2) 如果各工序在产品数量和加工工作量差别较大，则要分工序按工时定额计算在产品的加工程度。

$$\text{某工序在产品的加工程度}=\frac{\text{单位在产品前面各工序工时定额之和}+\text{单位在产品本工序工时定额}\times 50\%}{\text{单位完工产品工时定额}}\times 100\%$$

在上式中，本工序的工时定额之所以乘以50%，是因为同处于该工序的在产品完工程度也有所不同，为了简化加工程度的测算工作，都按平均50%计算。而在产品从上一道工序转入下一道工序时，其上一道工序已经完工，因而前面各道工序的工时定额按100%计算。

【例6-3】 长江企业甲产品经三道工序加工而成。单位工时定额20小时，各工序工时定额分别为4小时、8小时、8小时，各工序各件在产品加工程度均按50%计算，各工序在产品数量分别为20件、40件、60件。则甲产品各工序在产品的加工程度和约当产量计算如下：

$$\text{第一工序在产品的加工程度}=\frac{4\times 50\%}{20}\times 100\%=10\%$$

$$第二工序在产品的加工程度=\frac{4+8\times50\%}{20}\times100\%=40\%$$

$$第三工序在产品的加工程度=\frac{4+8+8\times50\%}{20}\times100\%=80\%$$

在产品约当产量＝20×10％＋40×40％＋60×80％＝66（件）

综上所述，确定了在产品的约当产量后，就可以分别不同成本项目采用约当产量比例法分配各项费用。具体计算公式如下：

$$某项费用分配率=\frac{该项费用合计数}{完工产品产量+在产品约当产量}$$

$$\begin{array}{c}完工产品应分配\\的某项费用\end{array}=\begin{array}{c}完工产\\品产量\end{array}\times\begin{array}{c}该项费用\\分配率\end{array}$$

$$\begin{array}{c}在产品应分配\\的该项费用\end{array}=\begin{array}{c}在产品\\约当产量\end{array}\times\begin{array}{c}该项费用\\分配率\end{array}$$

【例 6－4】　承例 6－3，长江企业生产的甲产品经三道工序加工而成，本月完工 200 件，在产品分别为 20 件、40 件、60 件，原材料在生产开始时一次投入。累计直接材料费用 16 000 元，直接人工费用7 980 元，制造费用 8 512 元。采用约当产量法计算完工产品和月末在产品成本。

（1）分配直接材料费用

因为材料在生产开始时一次投入，即在产品的投料程度为 100％，所以在产品的约当产量就是在产品的数量。

$$材料费用分配率=\frac{16\,000}{200+120}=50（元/件）$$

完工产品应分配的材料费用＝200×50＝10 000（元）

月末在产品应分配的材料费用＝120×50＝6 000（元）

（2）分配人工费用和制造费用

$$人工费用分配率=\frac{7\ 980}{200+66}=30（元/件）$$

完工产品应分配的人工费用＝200×30＝6 000（元）

月末在产品应分配的人工费用＝66×30＝1 980（元）

$$制造费用分配率=\frac{8\ 512}{200+66}=32（元/件）$$

完工产品应分配的制造费用＝200×32＝6 400（元）

月末在产品应分配的制造费用＝66×32＝2 112（元）

（3）计算完工产品和月末在产品成本

完工产品成本＝10 000＋6 000＋6 400＝22 400（元）

月末在产品成本＝6 000＋1 980＋2 112＝10 092（元）

（五）在产品按定额成本计价法

在产品按定额成本计价法是按照预先制定的定额成本计算月末在产品成本，即月末在产品成本按其数量和单位定额成本计算，某种产品应负担的全部费用减去月末在产品的定额成本，即为完工产品成本。这种方法适用于各项消耗定额或费用定额比较准确、稳定，而且各月末在产品数量变化不大的产品。

采用这种方法，应根据各种在产品有关定额资料，以及在产品期末结存数量，计算各种月末在产品的定额成本。

【例 6－5】 B 产品的月末在产品按定额成本计算。月末在产品 100 件。原材料在生产开始时一次投入，单位产品直接材料费用定额 50 元，单位在产品工时定额 6 小时，人工费用定额 2.5 元/小时。制造费用定额 2 元/小时。本月材料费用合计 37 000 元，人工费用 8 600 元，制造费用 6 500 元。求完工产品及月末在产品成本。计算结果见表6－3。

表 6-3　完工产品与月末在产品费用的分配（在产品按定额成本计价法）

成本项目	生产费用累计	月末在产品成本（定额成本）	完工产品成本
原材料	37 000	100×50=5 000	32 000
人工费用	8 600	100×6×2.5=1 500	7 100
制造费用	6 500	100×6×2=1 200	5 300
合计	52 100	7 700	44 400

（六）定额比例法

定额比例法是将生产费用按照完工产品和月末在产品的定额消耗量或定额费用比例分配计算完工产品成本和月末在产品成本的一种方法，计算时也要分成本项目进行。其中，直接材料费用一般按照原材料定额消耗量或原材料定额费用比例进行分配；直接人工、制造费用等各项加工费用，通常按定额工时比例分配。

前面我们已介绍了一种利用定额资料计算完工产品成本的方法——在产品按定额成本计价法。这种方法分配完工产品与在产品生产费用时，月末在产品按定额成本计算，生产费用总额减去在产品定额成本即为本月完工产品成本，也就是说，它将在产品脱离定额成本的差异全部计入完工产品成本。如果各月在产品数量变动不大，月初、月末在产品脱离定额成本的差异可以相互抵消，则对完工产品成本的计算影响不大；若各月在产品数量变动较大，就会影响完工产品成本计算的准确性。为了避免在产品按定额成本计价法的不足，各月在产品数量变动较大时，可以采用定额比例法。

定额比例法适用于定额管理基础较好，各项费用消耗定额或费用定额比较准确、稳定，各月末在产品数量变化较大的产品。它的计算公式如下：

$$\text{直接材料费用分配率}=\frac{\text{月初在产品材料实际费用}+\text{本月材料实际费用}}{\text{完工产品材料定额费用}+\text{月末在产品材料定额费用}}$$

$$\text{完工产品应分配直接材料费用}=\text{完工产品材料定额费用}\times\text{直接材料费用分配率}$$

$$\text{月末在产品应分配直接材料费用}=\text{月末在产品材料定额费用}\times\text{直接材料费用分配率}$$

（注：直接人工和制造费用同属于加工费用，与生产过程中所耗工时有关，因此，分配标准应一致，下面公式以直接人工费用为例。）

$$\text{直接人工费用分配率}=\frac{\text{月初在产品实际人工费用}+\text{本月实际人工费用}}{\text{完工产品定额工时}+\text{月末在产品定额工时}}$$

$$\text{完工产品应分配直接人工费用}=\text{完工产品定额工时}\times\text{直接人工费用分配率}$$

$$\text{月末在产品应分配直接人工费用}=\text{月末在产品定额工时}\times\text{直接人工费用分配率}$$

完工产品和月末在产品的原材料定额费用、定额工时，是根据完工产品和月末在产品的实际数量乘以材料费用定额、人工和制造费用定额计算求得。按照上列公式分配，不仅可以提供完工产品和月末在产品的实际费用及耗用量资料，还可以提供定额费用及耗用量资料，便于考核和分析各项消耗定额的执行情况。材料费用分配率是实际材料费用与材料定额费用的比率，可以反映直接材料成本超支或节约情况；直接人工和制造费用分配率可与相关计划分配率进行对比，以分析和考核直接人工费用和制造费用的计划执行情况。采用这种方法分配费用，必须取得完工产品和月末在产品的定额消耗量或定额费用资料。在各产品所耗原材料的品种较多的情况下，工作量较大。

【例6－6】　A产品月初在产品费用为：直接材料费用86 400元，直接人工7 000元，制造费用13 000元。本月生产费用为：直接材料费用113 600元，直接人工11 000元，制造费用17 000元。完工产品材料定额费用为170 000元，定额工时为11 000小时；月末在产品定额材料费用为30 000元，定额工时为4 000小时。采用定额比例法分配费用。分配结果如表6－4所示：

表6－4　　完工产品与月末在产品费用的分配（定额比例法）　单位：元

成本项目	月初在产品费用	本月费用	合计	费用分配率	完工产品费用		月末在产品费用	
					定额	实际费用	定额	实际费用
（1）	（2）	（3）	（4）＝（2）＋（3）	（5）＝$\frac{(4)}{(6)+(8)}$	（6）	（7）＝（6）×（5）	（8）	（9）＝（8）×（5）
直接材料	86 400	113 600	200 000	1	170 000	170 000	30 000	30 000
直接人工	7 000	11 000	18 000	1.2	11 000	13 200	4 000	4 800
制造费用	13 000	17 000	30 000	2	11 000	22 000	4 000	8 000
合计	106 400	141 600	248 000	—	—	205 200	—	42 800

二、完工产品成本的结转

工业企业生产产品发生的各项生产费用，在各种产品之间进行了分配，在此基础上，又在同种产品的完工产品和月末在产品之间进行了分配，计算出了各种完工产品的成本。

工业企业完工产品经产成品仓库验收入库后，其成本应从“生产成本——基本生产成本”总账账户和所属产品生产成本明细账的贷方转入“库存商品”账户的借方。“生产成本——基本生产成本”总账账户的月末余额，就是基本生产在产品的成本，也就是占用在基本生产过程中的各种生产费用，应与所属各种产品生产成本明细账中月末在产品成本之和核对相符。

【例 6-7】 沿用例 6-4 资料，登记产品生产成本明细账，结转本月完工产品成本。

产品生产成本明细账见表 6-5。

表 6-5　　产品生产成本明细账

2004 年 5 月　　单位：元

月	日	摘　　要	直接材料	直接人工	制造费用	合　计
5	1	期初结存	3 200	1 500	1 212	5 912
	31	分配材料费用	12 800			12 800
	31	分配人工费用		6 480		6 480
	31	分配制造费用			7 300	7 300
	31	生产费用合计	16 000	7 980	8 512	32 492
	31	结转完工产品成本	10 000	6 000	6 400	22 400
	31	月末在产品成本	6 000	1 980	2 112	10 092

根据生产成本明细账编制结转分录如下：

借：库存商品　　22 400

　　贷：生产成本——基本生产成本　　22 400

【本章小结】

本章主要介绍了完工产品和在产品的概念及管理，以及生产费用如何在完工产品和在产品之间进行分配。

在产品有广义和狭义之分。广义的在产品是指没有完成全部生产过程，不能作为商品销售的产品，包括自制半成品；狭义在产品仅指尚未完成某一生产加工步骤的在制品。完工产品也有广义和狭义之分。狭义完工产品是指已完成全部生产过程，验收入库的产成品；广义完工产品不仅包括产成品，也包括自制半成品。

为了计算完工产品和月末在产品成本，需将月初在产品成本和本月发生的生产费用两者合计数，即生产费用合计数，采用适当的方法在完工产品和在产品之间进行分配。分配时，应考虑各月末在产品数量的多少、各月末在产品数量的变化大小，各种费用的比重及定额管理基础等具体条件并考虑管理要求，选择合理而又简便的方法。主要有：不计算在产品成本法、固定计算在产品成本法、在产品按所耗原材料费用计价法、约当产量比例法、在产品按定额成本计价法、定额比例法等。其中约当产量比例法、定额比例法比较重要、复杂。

约当产量比例法是根据月末在产品的约当产量，来计算月末在产品成本的方法。在产品约当产量是在产品相当于完工产品的数量，是按照月末在产品产量和完工程度折算为完工产品的数量。定额比例法是产品的生产费用按照完工产品和月末在产品的定额消耗量或定额费用比例分配计算完工产品和月末在产品成本的方法。

【复习思考题】

1. 什么是在产品？它有几种含义？
2. 什么是完工产品？它有几种含义？
3. 如何加强在产品的管理？
4. 生产费用在完工产品与在产品之间分配的方法有哪几种？它们各自的适用范围是什么？
5. 什么是约当产量比例法？如何计算在产品约当产量？约当产量比例法下分配直接材料费用和其他生产费用有什么不同？
6. 什么是定额比例法？它与在产品按定额成本计价法有什么区别？
7. 什么是在产品按所耗原材料费用计价法？它的适用范围是什么？
8. 在什么条件下可以按固定数计算在产品成本？为什么？

第七章　产品成本计算方法

【学习目标】

通过本章的学习，了解生产类型、生产特点及管理要求对产品成本计算的影响，理解并掌握产品成本计算方法的一般原理及其在实际中的应用，以及它们的特点和适用范围。

第一节　企业生产类型及管理要求对成本计算方法的影响

所谓产品成本计算方法，是指按一定的成本计算对象，汇集与分配生产费用，用以计算产品成本的方法。构成一个产品成本计算方法，一般包括下列几方面的内容：①成本计算对象的确定；②成本核算的账户设置；③成本项目的确定；④生产费用的归集及其计入产品成本的程序；⑤间接费用的分配；⑥成本计算期的确定；⑦生产费用在完工产品和在产品之间的分配；⑧产品总成本和单位成本的计算。正确选择成本计算方法应考虑企业的生产类型及其特点，同时还应兼顾企业成本管理的不同要求。

一、工业企业生产的主要类型

工业企业的生产类型是按照一定的标志对工业企业的生产划分的不同的类型。现按三种不同的标志，对工业企业的生产类型划分如下：

（一）生产按工艺过程的特点分类

工业产品的生产工艺过程是指产品从投产到完工的全部过程。按生产工艺过程的特点，工业企业的生产可分为单步骤生产和多步骤生产两种类型。

1. 单步骤生产

单步骤生产又称简单生产，是指生产工艺过程不能间断或不能分散在不同地点进行的生产。这类生产工艺技术较简单，生产周期较短，产品品种较少且相对稳定。这类企业生产一般技术上具有不可间断性，例如发电；或由于受到工作地点上的限制，例如采掘，通常由一个企业整体进行，而不能分别由几个车间协作进行。

2. 多步骤生产

多步骤生产又称复杂生产，是指产品的生产工艺过程由若干个可以间断的、分散在不同地点的、分别在不同时间进行的生产步骤所组成的生产。这类生产工艺技术较复杂，生产周期较长，产品品种较多且不甚稳定，一般由一个企业的若干个生产步骤或车间协作进行生产。按其产品的加工方式，又可分为连续加工式生产和装配式生产。连续加工式生产是指原材料投入生产后到产品完工，要依次经过各生产步骤的连续加工的生产，前一加工步骤完工的半成品为后一步骤加工的对象，如纺织、冶金、造纸等生产；装配式生产，是指各个生产步骤可以在不同地点同时进行，先将原材料平行加工成零件、部件，然后将零件、部件装配成产成品，如机械、仪表等生产。

（二）生产按其组织方式分类

生产组织是保证生产过程各个环节、各个因素相互协调的生产工作方式。按生产组织的特点，工业企业的生产可分为大量生产、成批生产和单件生产三种类型。

1. 大量生产

大量生产是指不断地大量重复生产相同的产品。在这种生产类型的企业或车间里，往往产品的品种较少，产量较大，专业化水平较高，而且比较稳定。例如纺织品、面粉、采掘、电力、造纸等的生产。

2. 成批生产

成批生产是指按照事先规定的产品批别和数量进行的生产。在这种生产类型的企业或车间里，通常产品的品种较多，产量较大，生产具有重复性，但往往是间断的重复。例如服装、机械的生产。成批生产按照产品的批量大小，又可分为大批生产和小批生产。大批生产，由于产品批量较大，往往在几个月内不断地重复生产一种或几种产品，因而性质上接近于大量生产；小批生产，由于产品批量较小，一批产品一般可以同时完工，因而性质上近于单件生产。

3. 单件生产

单件生产类似于小批生产，是指根据订货单位的要求，生产个别的、性质特殊的产品，它的特点是品种多，每种产品的产量很少，一般不重复生产，即使重复生产也是个别的、不定期的。例如船舶、重型机器的生产，新产品试制等。

综上所述，将生产工艺特点与生产组织方式相结合，可以形成四种基本的生产类型：

(1) 大量大批单步骤生产；

(2) 大量大批连续式多步骤生产；

(3) 大量大批装配式多步骤生产；

(4) 单件小批多步骤生产。

(三) 生产按其内部职能的分类

按生产的内部职能，工业企业的生产可分为基本生产和辅助生产两种主要类型。关于这种分类方式前文已有述及，这里再作简单介绍。

1. 基本生产

基本生产是指企业为直接完成其主要生产目的而进行的产品生产。从事基本生产的单位称为基本生产单位（分厂、车间），例如纺织厂的纺纱，钢铁厂的炼铁、炼钢、轧钢，机器厂的铸造、锻压、金工、装配等都是基本生产。从事这些产品生产的车间称为基本生产车间。基本生产是企业的主营业务，其生产产品的多少、质量的好坏，直接影响企业的成本和利润，所以企业生产工作的重点在基本生产上。

2. 辅助生产

辅助生产是指为基本生产服务而进行的生产。从事辅助生产的生产单位称为辅助生产单位（分厂、车间），例如机器厂的工具、模具的制造车间，钢铁厂的发电、蒸汽的供应车间；纺织厂的机修车间等。企业通常设置专门的辅助生产车间来组织辅助产品的生产和劳务供应，辅助生产车间生产的产品和提供的劳务有时也对外销售，但这不是辅助生产的主要任务。有的辅助生产车间只生产一种产品或只提供一种劳务，如供水车间、供气车间、供电车间等辅助生产车间，有的辅助生产车间则可能生产多种产品或提供多种劳务，如从事工具、模具、修理用备件的制造以及机器设备修理等辅助生产车间，辅助生产产品和劳务成本的高低对基本生产的产品成本和管理费用等费用的水平有着一定的影响。

二、影响产品成本计算方法的主要因素

（一）生产类型对成本计算方法的影响

工业企业中产品生产按其组织方式，有大量生产、成批生产和单件生产；按其工艺过程的特点，有简单生产（单步骤生产）和复杂生产（多步骤生产）。企业采用何种成本计算方法，在很大程度上是由产品的生产特点即生产类型所决定的。生产类型对产品成本核算方法的影响，主要表现在确定产品成本计算对象、确定成本计算期、确定生产费用汇

集和分配的方法及计入产品成本的程序上。

1. 对成本计算对象的影响

成本计算对象是企业为计算产品成本而确定的归集和分配生产费用的各个对象，确定成本计算对象是计算产品成本的前提条件。不同的生产类型对成本计算对象的影响不同具体表现在：

(1) 从生产工艺过程特点看，生产有单步骤生产（简单生产）和多步骤生产（复杂生产），它对成本计算对象的影响为：①单步骤生产由于工艺过程不能间断，成本计算对象为每一品种，按产品品种分别计算成本。②多步骤连续加工式生产，由于工艺过程由若干个分散在不同地点、不同时间的连续加工过程所组成，为分清各自责任，便于计算产品成本，需要以生产步骤为成本计算对象，既按步骤又按品种计算各步骤半成品成本和产品成本。③多步骤装配式生产，由于产品的零件、部件可以在不同地点同时进行加工，然后装配成最终产品，而零件、部件半成品没有独立的核算意义，因而不需要按步骤计算半成品成本，而以产品品种为成本计算对象。

(2) 从生产组织方式特点看，生产可分为大量生产、成批生产、单件生产，它对成本计算对象的影响为：①在大量生产情况下，一种或多种产品连续不断地重复生产，由于同样的原材料投入，不断产出相同产品，只能按产品品种为成本计算对象计算产品成本；②大批生产，往往集中投料，生产一批零件、部件供几批产品耗用，在这种情况下，零部件生产的批别和数量与产品生产的批别和所用零、部件的数量往往不一致，因此不能按产品批别计算成本，而只能按产品品种计算产品成本；如果大批生产的零件、部件按产品批别投产，也可按批别或件别计算产品成本。③小批、单件生产，由于产品批量小，一批产品一般可以同时完工，可按产品批别计算产品成本。

2. 对成本计算期的影响

成本计算期是指每次计算产品成本的期间，它与会计报告期和产品的生产周期并非完全一致。不同生产类型的企业，产品成本计算期有所不同，这主要取决于生产组织的特点：①在大量、大批生产企业中，由于生产连续不断地进行，且产品的生产周期较短，每月都有完工产品，因此要求按月定期计算产品成本。此时成本计算期与生产周期不一致，而与会计报告期一致。②在小批、单件生产情况下，各张订单或各批产品的生产周期各不相同，一般要等到一张订单所列产品或一批产品全部完工之后才能计算成本，因此常以产品的生产周期为成本计算期，因而小批、单件生产企业的产品成本计算，具有不定期性。成本计算期与生产周期一致，而与会计报告期不同。

3. 对生产费用计入产品成本程序的影响

产品的生产特点，在一定程度上也影响生产费用计入产品成本的程序。①在大量大批生产单一产品的企业或车间里，在企业或车间范围内发生的全部生产费用，都可看作直接生产费用，可以直接计入该种或该类产品的成本。②在大量大批生产多种产品的企业或车间里，为生产产品所发生的直接费用可直接计入该种或该类产品的成本，发生的间接费用先计入集合分配账户，分配后再计入产品的生产成本。③在连续式生产的企业里，生产过程中往往有几个生产步骤，因而要分步骤归集各步骤的产品成本，再汇总计算产成品成本。④在装配式单件小批生产费用中，有一部分费用可以确定为生产某一种、类、批产品所发生，可以直接计入各该种、类、批产品成本，另一部分并不与某一种、类、批产品的生产直接联系，就必须在集合分配账户中先行归集，然后按一定标准在各种、类、批产品间进行分配。⑤在装配式大量、大批生产的企业里，由于构成产成品成本的零件、部件都是成批地或大量地生产的，为了计算产品的成本，有时需要先计算零件、部件的成本，再计算由零件、部件装配成的产成品成本。由此可见，生产费用的归集及其计入产品成本的程序，是与产品的生产特点密切联系的。

4. 对完工产品与在产品之间费用分配的影响

生产类型的特点，还会影响到月末在进行成本计算时，是否需要在完工产品与在产品之间分配生产费用。①在单步骤生产中，生产过程不能间断，生产周期也较短，一般没有在产品或在产品数量很少，因而计算产品成本时，生产费用不需在完工产品与在产品之间进行分配。②在多步骤生产中，是否需要在完工产品与在产品之间分配费用，很大程度上取决于生产组织的特点。在大量大批生产中，由于生产不间断进行，而且经常有在产品，因而在计算成本时，就需要采用适当的方法，将生产费用在完工产品与产品之间进行分配。在小批单件生产中，如果成本计算期与生产周期一致，在每批、每件产品完工前，产品成本明细账中所登记的生产费用就是月末在产品的成本，完工后，所登记的费用就是完工产品的成本，因而不存在完工产品与在产品之间分配费用的问题。

通过以上说明不难看出，产品的生产特点不同，成本计算对象、生产费用的归集及其计人产品成本的程序、成本计算期等也就有所区别。不同的成本计算对象，不同的生产费用的归集及其计人产品成本的程序，不同的成本计算期，以及生产费用在完工产品和在产品之间的划分方法等的相互结合，就构成了各种不同的产品成本计算方法。而成本计算对象，一般是决定成本计算方法的主要因素。不同的成本计算对象决定了不同的成本计算期和生产费用在完工产品与在产品之间的分配。因此，成本计算对象的确定，是正确计算产品成本的前提，也是区别各种成本计算方法的主要标志。

(二) 管理要求对产品成本计算方法的影响

产品生产特点即生产类型客观上决定了成本计算对象。但同时，因为成本核算要为成本管理服务并提供资料，所以成本计算对象的确定还要考虑管理上的要求。

（1）单步骤生产或管理上不要求分步骤计算成本的多步骤生产，可以以产品品种或产品批别作为成本计算对象计算产品成本。

（2）管理上要求分步骤计算成本的多步骤生产，以生产步骤和产品品种为成本计算对象计算产品成本。

（3）在产品品种、规格繁多的企业，管理上要求尽快提供成本资料，简化成本计算工作，可以以产品类别和品种为成本计算对象计算产品成本。

（4）在定额管理基础较好的企业，为加强定额管理工作，可采用定额法计算产品成本。

第二节　产品成本计算方法

前面讲述了生产类型和管理要求对产品成本计算方法的影响，它们体现在成本计算对象的确定、成本计算期的确定以及生产费用在完工产品与在产品之间的分配等方面，其中影响最为主要的是成本计算对象的确定。以不同的成本计算对象为主要标志，形成工业企业成本计算的各种方法。

一、产品成本计算的基本方法

为了适应各类型生产的特点和不同的管理要求，在产品成本计算的工作中存在着三种不同的成本计算对象，从而形成了以下三种不同的成本计算方法：

（1）品种法。以产品品种为成本计算对象，归集生产费用，计算产品成本的方法，称为品种法。这种方法是最基本的产品成本计算方法。成本计算按月定期进行，月末计算产品成本时，如果没有在产品或在产品数量很少时，就不需要计算在产品成本；如果月末在产品数量较多，则需要将产品成本明细账上所归集的生产费用，采用适当的方法在完工产品和在产品之间进行分配，从而计算完工产品和月末在产品成本。

(2) 分批法。以产品批别为成本计算对象归集生产费用计算产品成本的方法，称为分批法。这种方法是在品种法的基础上产生的，成本计算对象是产品批别或工作令号，生产费用按月汇总，以生产周期为成本计算期，因此成本计算期是不定期的，一般不需计算在产品成本。

(3) 分步法。以产品品种和生产步骤为成本计算对象归集生产费用计算产品成本的方法，称为分步法。这种方法是在品种法的基础上形成的，成本计算对象为各种产品的生产步骤和产品品种，成本计算一般按月定期进行，往往需要采用适当的方法，将生产费用在完工产品与在产品之间进行分配。

受企业生产特点和管理要求的影响，成本计算对象有分品种、分批别和分步骤三种，所以上述以不同成本计算对象为主要标志的三种成本计算方法是产品成本计算的基本方法，同时也是计算产品实际成本必不可少的方法。

二、产品成本计算的辅助方法

除上述产品成本计算的基本方法外，为简化成本计算工作、加强成本管理，还有其他的辅助成本计算方法，主要包括分类法和定额法两种。

（一）分类法

分类法是按产品类别归集生产费用，再按一定的分配标准在类内各产品之间进行分配，计算各种产品成本的方法。这种方法一般适合于产品品种、规格繁多，且能进行恰当分类的企业，如：灯泡厂、钉厂等。

（二）定额法

定额法是以产品的定额成本为基础，加减脱离定额差异和定额变动差异，进而计算产品实际成本的一种方法。这种方法是为了加强成本管理、进行成本控制而采用的一种成本计算方法。

分类法和定额法，或者是为了简化成本计算，或者是为了加强成本管理。只要具备条件，任何类型的生产企业都能运用。但是，它们并不是成本计算的基本方法，而是在三种基本方法的基础上，为了解决成本计算或管理中的问题而产生的、并非独立的方法，所以称之为成本计算的辅助方法。

基本方法和辅助方法的划分，只是从产品成本计算的主要影响因素方面来考虑的，并不是说辅助方法不重要。在实际工作中，辅助方法往往也有着重要的应用。

在工业企业中，确定不同的成本计算对象，采用不同的成本计算方法，主要是为了适应企业的生产特点和管理要求，正确提供产品成本资料，为成本管理服务。不论什么类型的企业，不论采用哪种成本计算方法，最终都必须提供按产品品种计算的产品成本资料。因此，品种法是成本计算基本方法中最基本的一种方法。

三、产品成本计算方法的比较

产品成本计算的基本方法有品种法、分批法、分步法，它们各有特点，现从以下几个方面进行比较。

1. 从成本计算对象上比较

品种法以产品品种作为成本计算对象，按产品品种分别设置基本生产明细账；分批法以产品批别或单件产品作为成本计算对象，按产品批号即产品批别设置基本生产成本明细账，按产品批别归集生产费用；分步法以产品的生产步骤和产品品种作为成本计算对象，即以各种完工产品及各生产步骤的半成品为成本计算对象，按生产步骤和产品品种设立基本生产成本明细账。如果一个加工步骤只生产一种产品，基本生产成本明细账可按加工步骤设置。如果一个步骤生产多种产品，生产成本明细账要按该步骤的每种产品设置。

2. 从成本计算期上比较

品种法的计算期是“月”，按月计算产品成本，成本计算期和会计报告期一致，而与生产周期不一致，这是因为品种法一般大量大批生产；分批法成本计算期是产品的生产周期，不定期计算产品成本，它与会计报告期往往不一致；分步法成本计算定期按月进行，与其产品生产周期不一致，而与会计报告期相同。

3. 从生产费用在完工产品与月末在产品之间的分配上比较

在品种法下，单步骤生产企业，月末一般不存在在产品或在产品数量很少，通常不存在月末在产品成本计算问题。多步骤生产企业月末一般都存在一定数量的在产品，因此通常要将生产费用采用适当的分配方法，在各种产品的完工产品与月末在产品之间进行分配；在分批法下，小批或单件生产的产品月末一般全部完工或全部未完工，不需要进行费用分配。如果是一批产品跨月陆续完工，则需要在完工产品与在产品之间进行分配。在分步法下，由于月末在产品数量较多，月末各步骤各产品的生产费用需要在完工产品与在产品之间进行分配。

4. 从适用范围上比较

品种法一般适用于单步骤的大量大批生产，如发电、采掘，也可用于管理上不需要分步骤计算成本的多步骤的大量大批生产。分批法适用于小批单件的单步骤生产和管理上不要求分步骤计算成本的多步骤生产，如重型机械制造、船舶制造、修理作业等。分步法一般适用于大量大批且管理上要求分步骤计算成本的多步骤生产，如纺织、冶金等生产。上述比较可通过表 7 - 1 反映：

表 7－1　　产品成本计算方法的比较

项目	品种法	分批法	分步法
成本计算对象	产品品种	产品批别、订单	各产品及其生产步骤
成本计算期	按月计算产品成本	按生产周期计算产品成本	按月计算产品成本
是否计算在产品成本	单步骤生产，不计算；多步骤生产，需计算	整批同时完工，不计算；跨月陆续完工，需计算	需计算
适用范围	单步骤的大量大批生产，也可用于管理上不需要分步骤计算成本的多步骤大量大批生产	小批单件的单步骤生产和管理上不要求分步骤计算成本的多步骤生产	大批大量且管理上要求分步骤计算成本的多步骤生产

1. 几种产品成本计算方法的同时运用

一个企业的各个生产车间，如果生产类型不同，可同时采用不同的成本计算方法。例如，纺织厂的纺纱和织布基本生产车间，一般属于大量大批多步骤的生产。厂内供电、供气等辅助生产车间，属于大量大批单步骤生产。在这种情况下，对基本生产车间可采用分步法计算产品成本，而对辅助生产车间可采用品种法计算产品成本。

一个企业或一个车间的各种产品也可同时采用不同的成本计算方法。例如瓷器厂生产各种瓷器，有的已经定型，且大量大批生产，可采用分步法计算产品成本；有的却正在试制或刚刚试制成功，只能单件、小批生产，则应采用分批法计算成本。

2. 几种产品成本计算方法的结合应用

在实际工作中，即使是同一种产品，对它的各生产步骤、各种半成品和各个成本项目、生产特点和管理要求也可能不完全相同，因而在同一种产品生产中可能将几种成本计算方法结合起来使用。

如小批单件生产企业，装配车间一般采用分批法计算产品成本；加工、装配车间之间，则可采用逐步结转分步法结转零部件的成本；若在加工车间和装配车间之间要求分步骤计算成本，但加工车间不要求计算半成品成本，则在加工车间和装配车间之间可采用平行结转分步法结转成本。这样，该厂就在分批法的基础上，同时采用了品种法和分步法。

一种产品的不同零件、部件，由于管理要求不同，也可以采用不同的成本计算方法。例如，某种产品由若干零件、部件组装而成，其中不需对外出售的零件、部件不要求单独计算成本；经常对外销售的零件、部件，管理上要求计算零件、部件成本，采用适当成本计算方法单独计算成本。

一种产品的不同成本项目，可以结合采用不同的成本计算方法。例如，大量大批多步骤生产的某种产品，该产品原材料费用比重较大，原材料费用可采用逐步结转分步法，分步计算该产品的原材料费用。其他比重较小的成本项目，则可采用品种法等其他的成本计算方法。

3. 辅助方法与基本方法的配合使用

分类法和定额法作为成本计算的辅助方法，是为了简化成本核算和加强成本定额管理而采用的。前已述及，它们必须与三种基本方法结合使用。例如，石化厂所生产的各种联产品的成本，由于石化产品生产一般属于大量大批生产，且产品的品种规格繁多，可在品种法的基础上结合应用分类法计算产品成本。又如，玻璃制品厂所产各类玻璃器皿的成本，可采用分类法和分步法相结合的方法计算。再如，在大量大批多步骤生产的企业中，如果定额管理基础较好，则可在分步法的基础上，结合采用定额法计算产品成本。

综上所述，企业实际情况复杂，因而所采用的成本计算方法也是多种多样的。企业应根据生产特点和管理要求，结合企业生产规模的大小及管理水平的高低等实际情况，将成本计算的各种方法灵活地加以应用。为了便于企业进行各期成本资料的分析和考核，避免利用成本计算方法的改变，人为调节各期成本与利润，企业的成本计算方法一经确定，不得任意变更。

【本章小结】

本章主要介绍如何根据企业生产经营特点和管理要求来确定产品成本计算方法。

企业生产组织方式不同，生产工艺过程不同，在管理上对成本计算的要求也不尽相同。制造业生产的类型可以根据工艺过程特点和组织方式进行划分。生产按工艺技术过程的特点分为单步骤生产和多步骤生产，多步骤生产按其产品加工方式不同和各个生产步骤的内在联系，又分为连续式生产和装配式生产两种类型。生产按生产组织特点可分为大量生产、成批生产和单件生产。将生产工艺特点与生产组织特点相结合，可以形成四种基本的生产类型：大量大批单步骤生产、大量大批连续多步骤生产、大量大批装配式多步骤生产和单件小批多步骤生产。

基于不同的生产特点和管理要求，形成了三种不同的成本计算基本方法。品种法是以产品品种为成本计算对象，归集生产费用，计算产品成本的方法；分批法是以产品批别为成本计算对象，归集生产费用，计算产品成本的方法；分步法是以产品品种和生产步骤为成本计算对象，归集生产费用，计算产品成本的方法。以上三种方法中，品种法又是其中最基本的一种方法。

除了成本计算的基本方法外，为简化成本核算、加强成本管理，还产生了成本计算的辅助方法，主要有分类法和定额法两种。分类法是按产品类别归集生产费用，再按一定的分配标准在类内各产品之间进行分配，计算各种产品成本的方法；定额法是以产品的定额成本为基础，加减脱离定额差异和定额变动差异，进而计算产品实际成本的一种方法。成本计算的辅助方法应与基本方法结合使用。

【复习思考题】

1. 产品成本计算方法包括哪些内容？

2. 什么是生产类型？它对成本计算方法的影响主要表现在哪些方面？

3. 管理上的不同要求如何对成本计算方法产生影响？

4. 产品成本计算的基本方法有哪些？各自的适用条件是什么？

5. 产品成本计算的辅助方法有哪些？各自的适用条件是什么？

6. 成本计算的辅助方法与基本方法之间的关系如何？

7. 实际工作中如何选择应用各种成本计算方法？

第八章　成本计算品种法

【学习目标】

通过本章学习，掌握品种法的特点、适用范围和成本计算的基本程序，熟练运用品种法进行产品成本计算。

第一节　品种法概述

企业因生产特点和成本管理要求不同，可采用不同的成本计算方法。但不论采用何种成本计算方法，最终都必须按产品品种计算出产品成本，这是成本计算的一般要求。品种法是产品成本计算的最基本方法。

一、品种法的特点和适用范围

（一）品种法的特点

品种法是以产品品种作为成本计算对象来归集生产费用、计算产品成本的一种方法，是产品成本计算方法中最基本的方法。其特点主要体现在以下三个方面：

（1）以产品品种作为成本计算对象，并据以开设产品成本明细账，归集生产费用，计算产品成本。

以品种法作为成本计算方法的企业，如果生产一种产品，成本计算对象就是该种产品，企业所发生的生产费用，全部都是直接费用，可以直接计入为这种产品开设的产品成本明细账中的相应栏目，不存在生产费用在各种产品之间的分配问题；如果生产的产品不止一种，成本计算对象就是各种产品，需要按产品品种开设产品成本明细账，并按成本项目开设专栏，本月发生的直接费用直接计入各种成本明细账中各对应专栏，间接费用则通过各项费用要素分配表归集，并采用适当的方法在各种产品之间进行分配，然后计入各成本明细账中有关栏目。

(2) 成本计算期与会计报告期一致，与产品生产周期不一致，即按月定期计算产品成本。

品种法的适用范围，从生产组织形式来看属于大量大批生产，一般在较长时间内，连续不断地重复生产相同品种的产品，而且产品生产周期较短，不可能在产品完工时就计算出产品成本，只能定期在月末计算当月产出的完工产品成本。因此，品种法的成本计算期与会计报告期一致，而与产品生产周期不一致。

(3) 月末是否在完工产品和在产品之间分配生产费用，视不同情况而定。

月末计算产品生产成本时，如果产品生产周期较短，月末没有在产品或在产品数量很少，是否计算在产品成本对完工产品成本影响不大，可以不计算在产品成本。各种产品成本明细账中归集的生产费用，全部是该种完工产品成本，它除以产品产量，就是各该产品的单位产品。如果月末既有在产品，又有完工产品，而且在产品的数量较多，就需将产品成本明细账中归集的生产费用采用适当的方法在完工产品与在产品之间分配，计算出完工产品与在产品成本。

(二) 品种法的适用范围

品种法的适用范围比较广泛，主要应用于大量大批单步骤生产企业。这类生产企业，往往产品的品种较少，产量较大，专业化水平较高，而且比较稳定。另外，它们的生产工艺过程不能间断或不能分散在不同地点进行，只能按品种来确定成本计算对象，例如从事发电、采掘等生产的企业。在大量大批多步骤生产下，如果生产规模较小，在管理上又不要求提供分步骤的成本资料，也可以采用品种法计算产品成本，如食品加工厂、小型水泥厂等。此外，辅助生产的供水、供电等单步骤的大量生产，也可采用品种法计算成本。

二、品种法的成本计算程序

品种法是产品成本计算的最基本方法，因为品种法的核算程序包含了一切成本计算方法的基本原理，其他成本计算方法都是在品种法的基础上结合生产特点和管理要求进行简化、综合或发展而成。现将品种法的成本计算程序，归纳如图 8－1 所示：

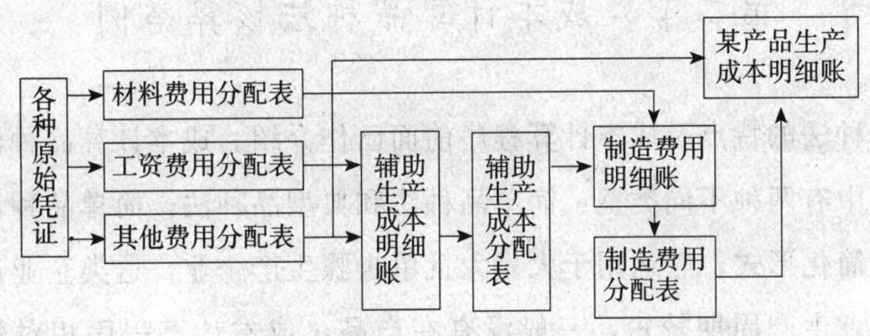

图 8－1　品种法成本计算流程图

（1）按产品品种开设基本生产成本明细账，并按成本项目设置专栏，归集生产费用。如企业只生产一种产品，则只需设置一个基本生产成本明细账；如果企业生产两种或两种以上产品，则应为不同的产品分别设置明细账。同时，开设辅助生产成本明细账和按车间设置制造费用明细账。

（2）根据各项生产费用的原始凭证和其他有关资料，编制各项要素费用分配表，分配各要素费用，以此作为登账的依据。

(3) 根据各项要素费用分配表，登记基本生产成本、辅助生产成本明细账和制造费用明细账。对于直接生产费用，直接计入各成本明细账的相关成本项目；间接生产费用，按发生地点归集，计入制造费用明细账。

(4) 根据辅助生产成本明细账所归集的生产费用，编制辅助生产费用分配表，并据以登记有关成本明细账。

(5) 根据制造费用明细账所归集的生产费用，编制制造费用分配表，并据以登记基本生产成本明细账。

(6) 将基本生产成本明细账所归集的全部生产费用，在完工产品与在产品之间进行分配，计算完工产品成本及月末在产品成本。编制完工产品成本汇总表，计算各种完工产品的总成本和单位成本。

第二节　成本计算品种法核算举例

品种法的特点及成本计算程序前面已作介绍。成本计算品种法在实际应用中有两种不同类型：简单品种法和典型品种法。简单品种法是品种法的简化形式，它运用于大量大批单步骤生产企业，这类企业产品品种单一，生产周期较短，一般没有在产品，成本计算程序相对较为简单。典型品种法用于管理上不需分步计算产品成本的大量大批多步骤生产企业，这时成本计算较为复杂，要按产品品种归集生产费用，计算产品成本，还需在不同产品的完工产品和月末在产品之间分配生产费用。下面以淮河企业为例介绍典型品种法的应用。

【例 8-1】 淮河企业大量生产甲、乙两种产品，设有一个基本生产车间和机修辅助生产车间，辅助生产车间不设“制造费用”账户，采用品种法计算甲、乙产品成本。

淮河企业 2004 年 5 月发生的经济业务如下：

（1）基本生产车间领有材料 69 000 元，其中，直接用于甲产品 24 000元，直接用于乙产品 20 000 元，甲、乙两种产品共同耗用 21 000 元；甲产品的材料定额费用 12 500 元，乙产品的材料定额费用 7 500 元，车间一般耗用 1 400 元，机修车间领有 1 600 元，厂部领用材料 1 000 元。

（2）基本生产车间的工人工资 45 400 元，机修车间工人工资 5 000 元，基本生产车间管理人员工资 8 000 元，厂部管理人员工资 9 000 元。

（3）其他费用：基本生产车间固定资产折旧 4 500 元，办公费 900 元，机修车间固定资产折旧费 3 500 元，办公费 400 元，管理部门办公费 1 200 元，办公费均通过银行办理转账结算。

（4）工时记录：甲产品耗用 5 200 小时，乙产品耗用 3 880 小时。

（5）机修车间机修工时 1 200 小时，其中，基本生产车间耗用 800 小时，厂部耗用 400 小时。

（6）采用分配方法：①甲、乙两种产品共同耗用的材料按材料定额费用比例分配；②生产工人工资按甲、乙产品生产工时比例分配；③辅助生产费用按劳务量比例分配；④制造费用按甲、乙产品工时比例分配；⑤生产费用分配采用约当产量比例法，材料都是生产开始时一次性投入。

（7）产量记录，2004 年 5 月份甲、乙两种产品产量资料见表 8－1。

表 8－1　　　　**产量记录**　　　　单位：件

产品名称	月初在产品	本月投产	本月完工	月末在产品	完工率
甲	400	800	1 200	0	
乙	300	3 200	3 100	400	50%

（8）2004 年 5 月份甲、乙两种产品的月初在产品成本，见表 8－2。

表 8-2　　　　月初在产品成本资料　　　　单位：元

产品名称	直接材料	直接人工	制造费用	合　计
甲	15 600	800	4 000	20 400
乙	6 300	2 000	1 500	9 800

下面采用品种法进行成本核算：

1. 根据各项生产费用的原始凭证编制各种要素费用分配表。

(1) 编制材料费用分配表，见表 8-3。

表 8-3　　　　材料费用分配表

2004 年 5 月　　　　单位：元

<table>
<tr><th colspan="3" rowspan="2">会计科目</th><th rowspan="2">直接耗用材料</th><th colspan="3">共同耗用材料</th><th rowspan="2">耗用材料合计</th></tr>
<tr><th>材料定额费用</th><th>分配率</th><th>分配费用</th></tr>
<tr><td rowspan="4">生产成本</td><td rowspan="3">基本生产成本</td><td>甲产品</td><td>24 000</td><td>12 500</td><td></td><td>13 125</td><td>37 125</td></tr>
<tr><td>乙产品</td><td>20 000</td><td>7 500</td><td></td><td>7 875</td><td>27 875</td></tr>
<tr><td>小计</td><td>44 000</td><td>20 000</td><td>1.05</td><td>21 000</td><td>65 000</td></tr>
<tr><td>辅助生产成本</td><td>机修</td><td>1 600</td><td></td><td></td><td></td><td>1 600</td></tr>
<tr><td colspan="3">制造费用</td><td>1 400</td><td></td><td></td><td></td><td>1 400</td></tr>
<tr><td colspan="3">管理费用</td><td>1 000</td><td></td><td></td><td></td><td>1 000</td></tr>
<tr><td colspan="3">合　计</td><td>48 000</td><td></td><td></td><td>21 000</td><td>69 000</td></tr>
</table>

根据材料费用分配表，编制会计分录如下：

借：生产成本——基本生产成本——甲产品　　37 125
　　　　　　　　　　　　　——乙产品　　27 875
　　生产成本——辅助生产成本——机修车间　　1 600
　　制造费用　　1 400
　　管理费用　　1 000
　　贷：原材料　　　　69 000

(2) 编制工资及福利费分配表（见表 8-4）。

表 8-4　　工资及福利费分配表

2004 年 5 月　　单位：元

<table>
<tr><td colspan="3" rowspan="2">会计科目</td><td colspan="3">职工工资</td><td colspan="2">职工福利费</td><td rowspan="2">合计</td></tr>
<tr><td>生产工时</td><td>分配率</td><td>金额</td><td>计提比例</td><td>金额</td></tr>
<tr><td rowspan="4">生产成本</td><td rowspan="3">基本生产成本</td><td>甲产品</td><td>5 200</td><td></td><td>26 000</td><td>14%</td><td>3 640</td><td>29 640</td></tr>
<tr><td>乙产品</td><td>3 880</td><td></td><td>19 400</td><td>14%</td><td>2 716</td><td>22 116</td></tr>
<tr><td>小　计</td><td>9 080</td><td>5</td><td>45 400</td><td></td><td>6 356</td><td>51 756</td></tr>
<tr><td>辅助生产成本</td><td>机修</td><td></td><td></td><td>5 000</td><td>14%</td><td>700</td><td>5 700</td></tr>
<tr><td colspan="2">制造费用</td><td></td><td></td><td></td><td>8 000</td><td>14%</td><td>1 120</td><td>9 120</td></tr>
<tr><td colspan="2">管理费用</td><td></td><td></td><td></td><td>9 000</td><td>14%</td><td>1 260</td><td>10 260</td></tr>
<tr><td colspan="2">合　计</td><td></td><td></td><td></td><td>67 400</td><td>14%</td><td>9 436</td><td>76 836</td></tr>
</table>

根据工资及福利费分配表，编制会计分录如下：

借：生产成本——基本生产成本——甲产品　　26 000
　　　　　　　　　　　　　　——乙产品　　19 400
　　生产成本——辅助生产成本——机修　　5 000
　　制造费用　　8 000
　　管理费用　　9 000
　　贷：应付工资　　67 400

借：生产成本——基本生产成本——甲产品　　3 640
　　　　　　　　　　　　　　——乙产品　　2 716
　　生产成本——辅助生产成本——机修　　700
　　制造费用　　1 120
　　管理费用　　1 260
　　贷：应付福利费　　9 436

(3) 其他费用分配表（见表 8-5）。

表 8-5　　其他费用分配表

2004 年 5 月　　单位：元

账户名称			金额
总账科目	明细科目	成本或费用项目	
生产成本	辅助生产成本	折旧费	3 500
		办公费	400
		小计	3 900
制造费用		折旧费	4 500
		办公费	900
		小计	5 400
管理费用		办公费	1 200
合计			10 500

根据其他费用分配表，编制会计分录如下：

①计提折旧

借：生产成本——辅助生产成本——机修　　3 500
　　制造费用　　4 500
　　贷：累计折旧　　8 000

②分配其他费用

借：生产成本——辅助生产成本——机修　　400
　　制造费用　　900
　　管理费用　　1 200
　　贷：银行存款　　2 500

2. 根据以上各要素费用分配表，登记基本生产成本明细账，见表 8-10、表 8-11；登记辅助生产成本明细账，见表 8-6；登记制造费用明细账，见表 8-7。管理费用略。

表 8-6　　辅助生产成本明细账

2004 年 5 月　　单位：元

摘　　要	机物料消耗	工资及福利费	折旧费	办公费	合计	分配转出
材料费用分配表	1 600				1 600	
工资及福利费分配表		5 700			5 700	
其他费用分配表			3 500	400	3 900	
辅助生产费用分配表						11 200
合　　计	1 600	5 700	3 500	400	11 200	11 200

表 8-7　　制造费用明细账

2004 年 5 月　　单位：元

摘　　要	机物料消耗	工资及福利费	折旧费	办公费	机修费	合计	分配转出
材料费用分配表	1 400					1 400	
工资及福利费分配表		9 120				9 120	
其他费用分配表			4 500	900		5 400	
辅助生产费用分配表					7 466	7 466	
制造费用分配表							23 386
合　　计	1 400	9 120	4 500	900	7 466	23 386	23 386

3. 根据表 8-6，分配辅助生产费用。编制辅助生产费用分配表，见表 8-8，并登记辅助生产成本明细账、制造费用明细账和管理费用明细账（略）。

表 8-8　　辅助生产费用分配表

2004 年 5 月　　单位：元

账户名称	费用项目	耗用数量	分配率	分配金额
制造费用	机修费	800		7 466
管理费用	机修费	400		3 734
合　　计		1 200	9.333	11 200

根据辅助生产费用分配表，编制会计分录如下：

借：制造费用　　　　　　　　　　　　　　　　　　7 466

　　管理费用　　　　　　　　　　　　　　　　　　3 734

　　贷：生产成本——辅助生产成本——机修　　　　　　11 200

4. 根据表 8 - 7，分配制造费用。编制制造费用分配表，见表 8 - 9，并登记基本生产成本明细账和制造费用明细账。

表 8 - 9　　　　制造费用分配表

2004 年 5 月

项　目	生产工时	分配率	分配金额（元）
甲产品	5 200		13 393
乙产品	3 880		9 993
合　计	9 080	2. 575 6	23 386

根据制造费用分配表，编制会计分录如下：

借：生产成本——基本生产成本——甲产品　　　　13 393

　　　　　　　　　　　　　　——乙产品　　　　9 993

　　贷：制造费用　　　　　　　　　　　　　　　　23 386

表 8 - 10　　　　基本生产成本明细账

产品名称：甲产品　　　　2004 年 5 月　　　　单位：元

摘　　要	直接材料	直接人工	制造费用	合　计
月初在产品成本	15 600	800	4 000	20 400
材料费用分配表	37 125			37 125
工资及福利费分配表		29 640		29 640
制造费用分配表			13 393	13 393
合　计	52 725	30 440	17 393	100 558
约当产量				
分配率				
完工产品成本	52 725	30 440	17 393	100 558
月末在产品成本				

表 8－11　　　　　　　　基本生产成本明细账

产品名称：乙产品　　　　2004 年 5 月　　　　　　　　单位：元

摘　　要	直接材料	直接人工	制造费用	合　计
月初在产品成本	6 300	2 000	1 500	9 800
材料费用分配表	27 875			27 875
工资及福利费分配表		22 116		22 116
制造费用分配表			9 993	9 993
合　　计	34 175	24 116	11 493	69 784
完工产品数量	3 100	3 100	3 100	
在产品约当产量	400	200	200	
费用分配率	9.764	7.308	3.483	
完工产品成本	30 268.4	22 654.8	10 797.3	63 720.5
月末在产品成本	3 906.6	1 461.2	695.7	6 063.5

5. 根据基本生产成本明细账，编制完工产品成本汇总表，如表8－12所示。

表 8－12　　　　　　　　完工产品成本汇总表

2004 年 5 月　　　　　　　　单位：元

成本项目	甲产品（1 200 件）		乙产品（3 100 件）	
	总成本	单位成本	总成本	单位成本
直接材料	52 725	43.9	30 268.4	9.8
直接人工	30 440	25.4	22 654.8	7.3
制造费用	17 393	14.5	10 797.3	3.5
合　　计	100 558	83.8	63 720.5	20.6

根据完工产品成本汇总表，编制分录如下：

借：库存商品——甲产品　　　　　　100 558

　　　　　　——乙产品　　　　　　63 720.5

　贷：生产成本——基本生产成本——甲产品　　　　100 558

　　　　　　　　　　　　　　　——乙产品　　　　63 720.5

【本章小结】

本章主要介绍品种法的概念和特点，并通过实例介绍品种法计算成本的基本程序。

品种法是计算产品成本的最基本方法，是按照产品的品种归集生产费用、计算产品成本的一种方法，主要适用于大量大批单步骤生产，或者管理上不要求分步骤提供成本资料的多步骤生产。如果只生产一种产品，成本计算对象就是该种产品；如果生产两种或两种以上的产品，则以各种产品作为成本计算对象。品种法要求按月定期进行成本计算，成本计算期与会计报告期一致，与产品的生产周期不一致。如果月末没有在产品，或在产品数量很少，为简化核算，可不计算月末在产品成本；若在产品数量较大，则需在完工产品与月末在产品之间分配生产费用，以计算完工产品和月末在产品成本。品种法的成本计算程序为：按产品品种开设基本生产成本明细账；分配各项要素费用，编制各要素费用分配表，登记各明细账；编制辅助生产费用、制造费用分配表，登记基本生产成本明细账，最终计算出完工产品和月末在产品成本。

【复习思考题】

1. 什么是成本计算品种法？它适用于何种类型的生产企业？
2. 品种法成本计算有何特点？
3. 简述品种法的成本计算程序。
4. 品种法有几种类型？区别何在？

第九章　成本计算分批法

【学习目标】

通过本章学习，掌握分批法的概念、特点、适用范围和成本计算基本程序，熟练运用分批法进行产品成本计算，了解简化分批法的特点及应用。

第一节　分批法概述

一、分批法的特点和适用范围

（一）分批法的概念

成本计算的分批法又称“订单法”，是以产品的批别或订单作为成本计算对象，归集生产费用，计算产品成本的一种成本计算方法。它适用于单件小批生产企业，如造船、重型机械制造企业等。

（二）分批法的特点

1. 以产品批别或订单作为成本计算对象

分批法要求为每批次或每一订单开设产品成本明细账（或成本计算单），并按照成本项目开设专栏，汇集该批或该订单产品的生产费用。凡能直接计入各批成本计算对象的直接材料、直接人工、废品损失等，应根据记账凭证，直接计入该批别产品成本明细账；凡不能直接计入各批别的间接生产费用，如制造费用、共用材料等，应按照一定标准在各批别之间进行分配，再计入有关批别的产品成本明细账。产品批号一般根据客户的订单确定，但产品的批号与订单并不完全相同。当订单数量较大，超过企业一次性生产能力时，可将一张订单分成多个批号组织生产；若同一时期不同订单要求生产同种产品，在企业生产能力范围内，可将它们合并为一批组织生产；若生产大型复杂产品，如大型机械制造，因其价值大、生产周期长，也可按其零部件分批组织生产。由此可见，分批法成本计算的批次，应根据客户的要求和生产组织的需要灵活确定，通常是根据企业的内部订单，即生产通知单来划分批次，确定成本计算对象。

2. 以每批或每一订单产品的生产周期作为成本计算期

在分批法下，按产品批别组织生产，各批产品因生产的复杂程度、数量、要求各不相同，各批别的生产周期也就不同。有的批别当月投产、当月完工；有的批别需要几个月甚至跨年度才能完工。因此，分批法成本计算期就随各批别的生产周期而异。有的当月即可结转并计算完工成本，有的几个月甚至跨年才能结转并计算完工成本。因此其成本计算期是不确定的，与会计报告期不一致，而与生产周期相一致。但是，采用分批法计算产品成本时，各批产品发生的费用仍应按月归集核算。

3. 月末一般不需在完工产品和在产品之间分配生产费用

月末，如果某批或某一订单产品已经全部完工，归集在该批或该订单上的生产费用，就是完工产品的总成本，如果尚未完工，就是在产品成本，一般不存在把生产费用在完工产品和在产品之间进行分配的问题。只有在小批生产的产品跨月陆续完工的情况下，才需要将归集的生产费用在完工产品与在产品之间进行分配。如果小批生产的批量不大，批内产品陆续完工的情况不多，可以将完工产品暂按计划成本、定额成本或上批实际成本计算并进行结转，待该批产品全部完工后，再合并计算其实际总成本和单位成本。如果批内产品跨月完工的情况较多，月末批内完工产品的数量占全部批量的比重大，为了提高产品成本计算的准确性，则应根据具体条件采用适当的分配方法，将该批产品已发生的生产费用在完工产品与在产品之间进行分配，计算完工产品成本和月末在产品成本。为了减少在完工产品与月末在产品之间分配费用的工作，提高成本计算的正确性和及时性，在合理组织生产的前提下，也可以适当缩小产品的批量，以较小的批量分批投产，尽量使同一批的产品能够同时完成，避免跨月陆续完工的情况。但是缩小产品批量，应有一定的限度。否则会使生产组织不合理、不经济，加大核算工作量。

（三）分批法的适用范围

综上所述，分批法通常适用于小批单件的复杂生产、产品种类经常变动的小规模制造厂、专门进行修理业务的工厂以及新产品试制车间，如重型机械、船舶、精密仪器和专用设备、专用工具、建筑安装工程的生产和施工、新产品试制、来料加工和修理作业等。在小批单件生产的企业中，产品的品种和每批产品的批量往往根据需用单位的订单确定。如果在一张订单中规定的产品不止一种，为了便于生产管理，还要按照产品的品种划分批别组织生产，计算成本；如果在一张订单中只规定一种产品，但这种产品数量较大，不便于集中一次投产，或者需用单位要求分批交货，也可以分为数批组织生产，计算成本；如果在一张订单中只规定一件产品，但这件产品属于大型复杂的产品，价值较大，生产周期较长（如大型船舶制造），也可以按产品的组成部分分批组织生产，计算成本。这里需说明一点：采取分批法计算成本的企业和车间的生产有一个共同的特点，那就是产品不重复生产或很少重复生产。

二、分批法的成本计算程序

（一）按批次开设生产成本明细账

根据生产通知单的批号，为每批（或每件）产品开设产品成本明细账，按成本项目归集各批产品发生的生产费用。生产成本明细账的设立和结账结算应与生产通知单的签发和结束密切配合，协调一致，以保证各批产品成本计算的正确性。

（二）按批别归集分配生产费用

采用分批法，应按生产通知单的批号组织生产，领用原材料、计算工资、支付费用，能够直接计入各批别产品成本明细账的直接材料、直接人工以及其他费用，应直接计入生产成本明细账；对为各批产品生产而发生的辅助生产费用以及为组织管理生产而发生的制造费用，先按发生地点和用途进行归集，月末采用一定的分配方法进行分配，计入产品成本明细账中“制造费用”成本项目中。分批法下间接生产费用的分配结转，可选择采用两种方法：一是当月分配法，即当月发生的间接费用全部于当月进行分配结转，计入各批次产品的成本明细账，具体可选择采用实际分配率法或计划分配率法。二是累计分配法。当企业投产批次较多，且月末未完工批次也较多时，采用当月分配法按月分配间接费用，工作量大、手续繁琐，这时就应考虑采用累计分配法。累计分配法在分配间接生产费用时，只分配完工批次产品的间接费用，未完工产品的间接费用保留在费用明细账中不予分配，留待以后产品完工时再进行累计分配，即按累计分配率法进行分配结转，以简化核算。注意：无论是直接费用还是间接费用，无论是当月分配还是累计分配，都必须按月将费用归集到有关账户中。

（三）完工产品成本结转

月末加计完工各批成本明细账中所汇集的各项费用，求得完工产品总成本，总成本除以该批产品的产量即为单位成本；月末各批未完工产品成本明细账内所汇集的生产费用，即为月末在产品成本。若某批产品中，有部分已经完工，需要结转完工产品成本的，可先按完工数量和计划单位成本、定额成本或上一批同类产品的实际单位成本计算其成本，并从已归集的生产费用中转出，结出余额，即尚未完工的在产品成本。待该批产品全部完工时，要将该批号产品的实际总成本和全部生产数量汇总，重新计算产品的实际单位成本。

分批法成本计算程序如图 9－1 所示：

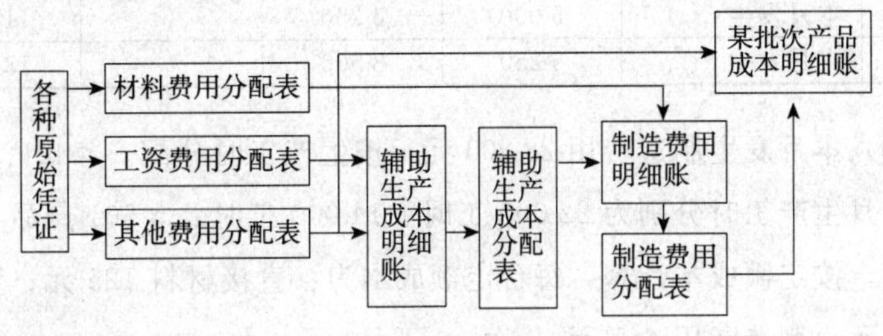

图 9－1　分批法成本计算流程图

第二节　成本计算分批法核算举例

分批法的特点及成本计算程序前面已述，现以长江企业成本计算为例，介绍分批法在实际工作中的一般运用。

【例 9－1】　长江企业生产 A、B 两种产品。根据购买单位要求按订单分批组织产品生产（＃401A 产品、＃501B 产品），其成本计算采用分批法进行。产品成本明细账设“直接材料”、“直接人工”、“制造费用”三个成本项目。2004 年 5 月份有关资料如下：

（1）5 月份各种产品投产、完工情况如表 9－1 所示。

表 9-1　　**产品投入产出一览表**

2004 年 5 月

批号	产品名称	投产日期	批量（台）	本月完工情况
＃401	A	四月	20	全部完工
＃501	B	五月	25	本月完工 5 台

（2）各批号产品月初及本月发生费用情况如表 9-2 所示。

表 9-2　　**月初及本月生产费用表**

2004 年 5 月　　单位：元

批号	项目	直接材料	直接人工	制造费用	合计
＃401	至 4 月底累计	43 000	7 550	6 500	57 050
	本月发生	5 000	6 250		11 250
＃501	本月发生	5 250	8 500		13 750

（3）本月发生制造费用 28 800 元，按生产工时分配。＃401、＃501 产品本月生产工时分别为 22 000 工时、14 000 工时。＃501 产品本月完工 5 台，按定额成本计算，每台定额成本为：直接材料 125 元、直接人工 345 元、制造费用 465 元。

下面采用分批法进行成本核算：

（1）按批次（＃401、＃501）分别开设基本生产成本明细账，登记期初生产费用（见表 9-4、9-5）；

（2）根据各种要素费用分配表，登记基本生产成本明细账和制造费用明细账（此处略）；

（3）采用实际分配率法分配制造费用（见表 9-3）；

表 9-3　　**制造费用分配表**

2004 年 5 月　　单位：元

产品批号	生产工时	分配率	分配金额
＃401　A 产品	22 000		17 600
＃501　B 产品	14 000		11 200
合　计	36 000	0.8	28 800

制造费用分配率＝28 800÷36 000＝0.8

根据制造费用分配表，编制会计分录如下：

借：生产成本——基本生产成本——＃401　A 产品

17 600

——＃501　B 产品

11 200

贷：制造费用　　28 800

（4）根据制造费用分配表，登记基本生产成本明细账（见表 9－4、9－5）。

表 9－4　　基本生产成本明细账

产品名称：A 产品

批　　号：＃401　　投产日期：4 月

批　　量：20 台　　完工日期：5 月　　单位：元

月	日	摘　要	直接材料	直接人工	制造费用	合　计
4	30	至 4 月底累计	43 000	7 550	6 500	57 050
5	31	本月分配转入	5 000	6 250	17 600	28 850
5	31	至 5 月末累计总成本	48 000	13 800	24 100	85 900
5	31	完工产品成本结转	48 000	13 800	24 100	85 900
		完工产品单位成本	2 400	690	1 205	4 295

表 9－5　　基本生产成本明细账

产品名称：B 产品

批　　号：＃501　　投产日期：5 月

批　　量：20 台　　完工日期：7 月　　单位：元

月	日	摘　要	直接材料	直接人工	制造费用	合　计
5	31	本月发生	5 250	8 500	11 200	24 950
		完工产品每台定额成本	125	345	465	935
	31	完工产品成本结转	625	1 725	2 325	4 675
		在产品成本	4 625	6 775	8 875	20 275

（5）根据基本生产成本明细账，编制完工产品成本汇总表，如表9-6。

表9-6　　完工产品成本汇总表

2004年5月　　单位：元

成本项目	A产品（20台）		B产品（5台）	
	总成本	单位成本	总成本	单位成本
直接材料	48 000	2 400	625	125
直接人工	13 800	690	1 725	345
制造费用	24 100	1 205	2 325	465
合　计	85 900	4 295	4 675	935

根据完工产品成本汇总表，编制分录如下：

借：库存商品——A产品　　85 900

　　　　　　——B产品　　4 675

　贷：生产成本——基本生产成本——A产品　　85 900

　　　　　　　　　　　　　　　——B产品　　4 675

第三节　简化分批法

前述分批法中，对于当月发生的各项费用，包括直接材料费用、直接人工及制造费用等，都要在当月各批次产品之间进行分配，然后记入各批次产品成本明细账，而不论其是否完工。这种分配方法即为“当月分配法”。这种分配方法适用于企业组织生产的批次不多，且各月未完工批次较少的企业。如果企业生产批次和各月未完工批次都较多，仍采用这种方法，那么计算和分配费用的工作量就会大大增加。为了简化核算，减少计算、分配费用的工作量，对间接费用的分配可采用“累计分配法”，这是一种简化的分批法，也就是不分批计算在产品成本的分批法。

一、简化分批法的特点

（一）生产成本明细账的设置

采用这一方法，仍应按照产品的批别设置生产成本明细账，但在各批产品完工之前，账内只按月登记直接费用和耗用工时，不必按月登记各项间接费用，而是将各项间接费用（为简化核算，将直接人工费用也包含在内）和工时累计起来，到产品完工时，才按照完工产品累计工时的比例，在各批完工产品之间进行分配。各批完工产品应负担的间接费用，可按下列公式计算：

$$\text{全部产品累计间接费用分配率}=\frac{\text{月初累计间接费用余额}+\text{本月间接费用发生额}}{\text{月初在产品累计工时数}+\text{本月发生工时数}}$$

$$\text{某批完工产品应负担间接费用}=\text{该批完工产品累计工时}\times\text{全部产品累计间接费用分配率}$$

（二）各批全部产品的在产品成本只分成本项目以总数登记在专设的基本生产成本二级账中

采用这一方法，应在基本生产成本账下增设一个间接费用明细账，即基本生产成本二级账。这种二级账的作用有：

（1）按月提供企业或车间全部产品累计的生产费用和生产工时资料。在账中要按间接费用的成本项目登记月初余额、本月发生额和累计数额。同时还要登记全部产品的月初在产品工时、本月工时和累计工时。

（2）分配间接费用。到月终时，如有完工产品，应按照上列公式计算出全部产品累计间接费用分配率，分配完工产品应负担的间接费用，并计算出月末余额。

简化的分批法，其优点是简化间接费用分配的手续，但由于各批未完工产品的成本明细账中，未计入应负担的间接费用，因而不能完整地反映各批未完工产品的在产品成本，同时，间接费用不是每月在各批产品之间进行分配，而是按照完工月份的分配率一次分配计入完工产品的，因此，各月间接费用水平相差悬殊的情况，就会影响各月在产品成本的正确性，如果月末未完工产品的批数不多，也不宜采用这种方法。因此，采用这种方法时，必须具备两个条件：①各个月份的间接费用的水平相差不大。②生产批次多，且月末未完工产品的批数较多。

二、简化分批法举例

【例 9－2】 天柱公司属小批生产，产品批别较多，批量小，生产周期较长，采用简化分批法计算产品成本。五月份有关资料如表 9－7、9－8 所示：

（1）月初各批在产品的成本和工时：

表 9－7 单位：元

批号	产品名称	批量（台）	投产日期	累计工时	累计直接材料	累计人工	累计制造费用
＃301	A	10	3 月	1 620	4 000		
＃302	B	6	3 月	600	2 400		
＃403	C	5	4 月	980	2 000		
合　计				3 200	8 400	6 020	4 400

（2）本月发生费用及完工情况：

表 9－8 单位：元

批号	产品名称	完工情况	本月发生			
			工时	直接材料	直接人工	制造费用
＃301	A	全部完工	460	260		
＃302	B	尚未完工	820	350		
＃403	C	尚未完工	1 520	320		
合　计			2 800	930	1 180	2 200

下面采用简化的分批法进行成本核算：

根据上述资料计算 5 月份完工的 A 产品成本及未完工的 B、C 产品暂不分配负担的间接费用，如表 9－9 至表 9－12 所示。

表 9-9　　基本生产成本二级账（间接费用明细账）　　单位：元

月	日	摘　　要	直接材料	工时	直接人工	制造费用	成本合计
4	30	累计余额	8 400	3 200	6 020	4 400	18 820
5	31	本月发生	930	2 800	1 180	2 200	4 310
		累计额	9 330	6 000	7 200	6 600	23 130
		累计间接费用分配率			1.2③	1.1④	
		完工产品负担	4 260①	2 080②	2 496	2 288	9 044
		期末在产品成本	5 070	3 920	4 704	4 312	14 086

说明：①4 260＝4 000＋260

②2 080＝1 620＋460

③1.2＝7 200/6 000

④1.1＝6 600/6 000

表 9-10　　基本生产成本明细账

产品名称：A

批　　号：＃301　　投产日期：3月

批　　量：10台　　完工日期：5月　　单位：元

月	日	摘　　要	直接材料	工时	直接人工	制造费用	成本合计
4	30	累计发生	4 000	1 620			4 000
5	31	本月发生	260	460			260
		累计间接费用分配率			1.2	1.1	
		完工产品负担	4 260	2 080	2 496	2 288	9 044
		本批产品总成本	4 260		2 496	2 288	9 044
		本批产品单位成本	426		249.6	228.8	904.4

表 9-11　　基本生产成本明细账

产品名称：B

批　　号：＃302　　投产日期：3月

批　　量：6台　　完工日期：6月　　单位：元

月	日	摘　　要	直接材料	工时	直接人工	制造费用	成本合计
4	30	累计发生	2 400	600			2 400
5	31	本月发生	350	820			350
		累计发生	2 750	1 420			2 750

表 9－12　　　　　基本生产成本明细账

产品名称：C

批　　号：＃403　　投产日期：4月

批　　量：5台　　　完工日期：6月　　　　　　　　　　　　　单位：元

月	日	摘　　要	直接材料	工时	直接人工	制造费用	成本合计
4	30	累计发生	2 000	980			2 000
		本月发生	320	1 520			320
		累计发生	2 320	2 500			2 320

【本章小结】

本章主要介绍了分批法的特点、适用范围、计算程序以及简化分批法的有关知识。

分批法又称订单法，是以产品批号或订单号为成本计算对象来归集和分配生产费用、计算各批或各件产品成本的一种方法。在分批法下，成本计算期与生产周期基本一致，属于不定期计算产品成本法。这种方法适用于小批量、多品种的生产类型。

分批法的计算程序：按批号开设成本明细账、归集与分配生产费用、计算完工产品成本。一般不需要在完工产品与在产品之间分配生产费用。对于跨月或跨年度生产的批次产品，部分产品如先行完工，交货销售，可先按计划成本或定额成本或上期同类产品的实际成本进行结转，等到本批产品全部完工的当月，再结转结余产品成本并计算该批产品的实际总成本和单位成本。

简化分批法也称为累计分配法。采用这种方法，仍应按照产品批号设立产品成本明细账，但在各该批产品完工以前，账内只需按月登记直接计入费用和生产工时，而不必按月分配、登记该项间接计入费用，计算各该批在产品的成本，只在有完工产品的那个月份，才分配间接计入费用，计算、登记各完工产品的成本。各批全部产品的在产品成本只分成本项目以总数登记在专设的基本生产成本二级账中。

【复习思考题】

1. 产品成本计算分批法的特点是什么？其适用范围如何？
2. 分批法的成本计算程序是怎样的？
3. 什么是当月分配法？什么是累计分配法？
4. 什么是简化分批法？它在何种条件下适用？
5. 简化分批法的特点有哪些？
6. 采用简化分批法时为什么必须设立基本生产成本二级账？这一账簿具有什么特殊作用？

拓展阅读

变动成本法

成本按照与业务量之间的依存关系（亦称成本性态）可分为固定成本和变动成本。

固定成本是指总额在一定业务量范围内不受业务量增减变动的影响而保持不变的成本。变动成本是指其总额随着业务量变动而成正比例变动的成本。按成本性态分为固定成本和变动成本，这种分类在企业经营管理中具有十分重要的意义，变动成本计算就是其中之一。

通常我们所说的成本计算是完全成本计算，即产品成本包括直接材料、直接人工和制造费用，而制造费用可以进一步分为变动性制造费用和固定性制造费用。也就是说，完全成本计算，每生产一单位产品，其成本不仅包括产品生产过程中直接消耗的直接材料、直接人工和变动性制造费用，而且还包括一定份额的固定性制造费用。

变动成本计算，其产品成本只包括直接材料、直接人工和变动性制造费用，而不包括固定性制造费用。因为固定性制造费用主要是为企业提供一定的生产经营条件而发生的，这些经营条件一经形成，不管其实际利用程度如何，有关费用照样发生，同产品的实际生产没有直接的联系，并不随业务量的增减而增减，所以，不应把它计入产品成本，而应作为期间费用处理。

由于变动成本计算与完全成本计算对于产品成本组成的认识和处理方法不同，因而产生了存货计价、分期损益计算等一系列差异。这些差异构成变动成本计算的主要特点。

在存货计价方面，根据变动成本计算，期末存货不包括固定性制造费用。固定性制造费用作为期间费用，由当期损益负担。根据完全成本计算，由于在已销售的产成品、存货之间都分配了全部制造成本，因此，它的期末产成品和在产品的存货计价也应以全部制造成本为准，其数额必然大于采用变动成本计算的计价。

在分期损益计算方面，根据变动成本计算，经营净收益＝产品销售收入－变动性制造成本－变动性销售及行政管理费用－固定性制造费用－固定性销售及行政管理费用。而根据完全成本计算，经营净收益＝产品销售收入－产品销售成本－销售及行政管理费用。不同的成本计算对分期损益的影响可归纳为以下三条：第一，若某期产量等于销量，变动成本计算与完全成本计算的经营净收益相等。在产销平衡时，根据完全成本计算，固定成本虽然计入产品成本，但又全部转化为产品销售成本，在产品销售收入中扣除即如数扣除；而根据变动成本计算，固定成本自然也是如数扣除。第二，若某期产量大于销量，变动成本计算的经营净收益小于完全成本计算的经营净收益。因为根据完全成本计算，期末存货吸收了部分固定性制造费用，销售产品少分摊了这部分费用。第三，若某期产量小于销量，变动成本计算的经营净收益大于完全成本计算的经营净收益。因为根据完全成本计算，产品销售收入不仅要扣除本期的固定性制造费用，而且还要扣除上期存货结转、吸收而来的固定性制造费用；而根据变动成本计算，产品销售收入却要扣除本期固定性制造费用。

从理论上说，变动成本计算与完全成本计算都可以为企业管理层提供有用信息。变动成本计算能明确揭示产品的销量、成本和经营净收益之间的依存关系，其所确定的经营净收益与销量的增减保持一致，易于为企业管理层所接受；而完全成本计算将本属于期间成本的固定制造费用也计入了产品成本，随产品销售而转作销售成本，因而不符合配比原则，也就不能真实地反映企业生产经营的财务成果。变动成本计算比较适合于短期决策分析。企业的短期决策通常借助于贡献毛益，变动成本计算便于提供有关贡献毛益信息。但是，从长期来看，一切成本都是变动成本，企业长期决策分析必须建立在补偿所有成本的基础上。这样，完全成本计算所提供的信息比较充分而变动成本计算就显得不适应了，而且变动成本计算不符合公认会计准则成本概念要求，不便于直接编制对外财务报告。变动成本和固定成本的划分具有假定性。由于上述局限性，变动成本计算一般只用于企业内部管理。为了弥补变动成本计算和完全成本计算的缺陷，最好是以一种成本计算为基础，同时对它作适当的调整和变通，使之同时能兼顾企业会计对内、对外两方面职能的需要。

第十章 成本计算分步法

【学习目标】

通过本章学习，了解产品成本计算分步法的特点和种类，掌握各种分步法的成本计算程序，特点及适用范围。

第一节 分步法概述

一、分步法的特点和适用范围

（一）分步法的含义

产品成本计算的分步法，是指按照产品的生产步骤归集生产费用，计算产品生产成本的一种方法。它主要适用于大量、大批的多步骤生产，例如纺织、造纸、冶金、水泥、化工、机器制造工业等等。在这些企业中，产品生产可以分为若干个生产步骤进行。例如，纺织企业的生产可分为纺纱、织布等步骤；造纸厂的生产可分为制浆、制纸等步骤；冶金企业的生产可分为炼铁、炼钢、轧钢等步骤；机器制造企业生产可分为铸造、加工、装配等步骤。在连续式复杂生产的企业中，生产步骤是可以间断的，而其工艺过程又是由各个连续的若干生产步骤所组成，每经过一个生产步骤（最后一个生产步骤除外）生产出不同的半成品，这些半成品都是下一加工步骤的加工对象。为了加强成本管理，不仅要求按照产品品种归集生产费用，计算产品成本，而且要求按照产品的生产步骤归集生产费用，计算各步骤产品成本，以提供反映各种产品及其各生产步骤成本计划执行情况的资料。

（二）分步法的主要特点

1. 成本计算对象为各种产品的生产步骤和产品品种

各大批量多步骤重复生产的情况下，为了加强对成本的管理和核算，成本的计算通常按生产步骤归集生产成本，并以产品作为成本计算对象。因此，在计算产品成本时，应按照产品的生产步骤设立产品成本明细账。如果只生产一种产品，成本计算对象就是该种产成品及其所经过的各生产步骤，产品成本明细账应该按照产品的生产步骤开立。如果生产多种产品，成本计算对象则是各种产品及其所经过的各生产步骤。产品成本明细账应该按照每种产品的各个步骤开立。在进行成本计算、分配和归集生产费用时，单设成本项目的直接计入费用，直接计入各成本计算对象；单设成本项目的间接计入费用，分配计入各成本计算对象；不单设成本项目的费用，一般先按车间、部门或者费用用途归集，月末再直接计入或分配计入各成本计算对象。

在实际工作中，产品成本计算的分步与产品生产步骤的划分不一定完全一致。一般而言，在按生产步骤设立车间的企业中，分步计算成本也就是分车间计算成本。但是，如果企业生产规模很大，车间内又分成几个生产步骤，而管理上又要求分步计算成本，则有可能在车间内再分步计算成本；相反，如果企业规模很小，管理上又不要求分步计算成本，则有可能把几个车间合并一个步骤计算成本。因此，企业既应根据管理的要求，又应本着简化计算工作的原则，确定成本计算对象。

2. 产品成本计算期同会计报告期一致

在分步成本计算法下，以产品与步骤作为成本计算对象，而产品又是大量重复生产，所以成本计算无法同生产周期一致，而是同会计报告期一致，每个会计报告期都要进行产品成本计算。

3. 生产费用在完工产品与在产品之间分配

在大量大批的多步骤生产中，由于生产过程较长且可以间断，产品往往都是跨月陆续完工，因此，成本计算一般都是按月、定期地进行，从而与生产周期不相一致。在月末计算产品成本时，各步骤一般都存在未完工的在产品。这样，为了计算完工产品成本和月末在产品成本，还需要采用适当的分配方法，将汇集在生产成本明细账中的生产费用，在完工产品与在产品之间进行分配。

4. 需要在各步骤之间结转成本

由于产品生产是分步骤进行的，上一步骤生产的半成品是下一步骤的加工对象，因此，为了计算各种产品的产成品成本，还需要按照产品品种，结转各步骤成本。也就是说，与其他成本计算方法不同，采用分步法计算产品成本时，各步骤之间还需进行成本结转，这是分步法的一个重要特点。

二、分步法计算产品成本的一般程序

在分步法下，最终完工产品的成本计算是建立在每一个加工部门或加工步骤产品（即半成品）成本计算的基础上。每一加工部门或步骤为了区分转入下道工序或计入最终完工产品成本的份额，就需要在部门产品成本明细账记录的基础上，编制产品成本计算单，计算本部门的完工产品成本和本部门的在产品成本。分步法下，生产部门或步骤的成本计算可以依次按以下几个步骤进行：

(1) 清点汇总产品的实物数量；

(2) 计算产品的约当产量；

(3) 计算汇总各要素费用总额；

(4) 根据成本总额和在产品约当产量计算产品单位成本；

(5) 计算本部门完工产品费用和期末在产品费用。

三、分步法的分类

根据成本管理对于各步骤成本资料的不同要求和对简化核算工作的需要，各步骤生产成本的计算和结转，可采用逐步结转和平行结转两种方法。这样分步法就分为逐步结转分步法和平行结转分步法。

1. 逐步结转分步法

逐步结转分步法，也叫计算半成品成本分步法，是指按照产品生产加工的先后顺序，逐步计算并结转半成品成本，直至最后一个生产步骤计算出产成品成本的一种方法。它适用于大量大批多步骤生产的企业。在这种生产类型的企业中，有的企业不仅产成品作为商品产品对外销售，而且所生产的半成品也经常作为商品产品对外销售。例如纺织厂中的棉纱，钢铁厂的生铁、钢锭等经常外售，为了计算外售半成品的成本，全面考核和分析商品产品成本计划的完成情况，就要计算这些半成品的成本。有的企业的半成品虽不对外出售，但它们为几种产品耗用，如造纸厂的纸浆经过不同的配料，可以加工不同型号的纸张；机械厂所产铸件，也可以用来制造不同的机械产品，为了分别计算各种产品的成本，也要计算这些半成品的成本。此外，在实行责任会计的企业中，为了全面考核和分析各生产步骤等内部单位的生产耗费和资金占用情况，也需要计算各步骤的半成品成本等。

在采用逐步结转分步法时，根据半成品转入下一步骤产品成本明细账的不同反映方式，又分为综合结转和分项结转两种具体方法。

(1) 综合结转法。综合结转法是将上一生产步骤所归集计算的半成品成本，综合地转入下一生产步骤成本明细账的“原材料”、“直接材料”或专设的“半成品”成本项目中的一种方法。这种结转方式可以简化计算手续，但计算出来的产品成本，不能提供按原始成本项目反映的成本资料，需要对自制半成品进行成本还原，即将产品成本还原为按原始成本项目反映的成本。

（2）分项结转法。分项结转法是指将上一步骤的半成品成本，分别按照成本项目转入下一步骤成本明细账中各相关成本项目中的一种方式。这样结转计算的产品成本，能够真实地反映产品成本结构，不需要进行成本还原。但这种结转方式手续比较繁杂，特别是当半成品要经过半成品库收发时，在半成品明细账中登记半成品成本时，也要按照成本项目分别登记，计算工作量较大。它适用于管理上不要求提供各步骤为完工产品所耗半成品费用和本步骤加工费用资料，但要求提供按原始成本项目反映成本资料的产品生产成本计算。

2. 平行结转分步法

平行结转分步法，也叫不计算半成品成本法，它是不计算各步骤的半成品成本，而是只计算本步骤发生的费用以及这些费用应计入产成品成本的“份额”，将相同产品的各步骤成本明细账的“份额”平行结转、汇总、计算产品成本的一种方法。

平行结转分步法，适用于大量大批多步骤装配式生产的企业，如机械制造企业等。在这种生产类型的企业中，半成品种类很多，不需对外销售，如果仍采用逐步结转分步法计算成本，其核算工作量很大而且没有必要。因此，为了简化各步骤的计算手续，加快成本的计算工作，可采用这种方法。

第二节　逐步结转分步法

一、逐步结转分步法的特点和适用范围

逐步结转分步法是按产品加工步骤的先后顺序，逐步计算并结转各个步骤半成品成本，直至最后计算出产成品成本的一种方法。

逐步结转分步法适用于各步骤半成品有独立的经济意义，管理上要求核算半成品成本的企业，特别适用于连续式多步骤生产的企业。在这类企业中，车间一般是按照加工步骤来设置的，如黑色冶金工业划分为炼铁、炼钢、轧钢等步骤；纺织工业划分为纺纱、织造、印染等步骤；造纸工业划分为制浆、制纸、包装等步骤，而且各步骤的半成品一般都具有独立的经济意义，既可以作为半成品交下步骤继续加工，又可以直接作为产成品对外销售，如黑色冶金工业的生铁、钢锭，纺织工业的棉纱等。从而决定了这类企业应采用逐步结转分步法计算产品成本，即以产品品种和生产步骤为成本计算对象，既要计算最终产品成本，又要计算各步骤半成品成本。由于上一步骤的半成品是作为下一步骤继续加工的劳动对象，为了正确计算所经各步骤的半成品成本和最终产品的成本，各步骤半成品成本必须随实物转移到下一步骤继续加工时也转移到下一步骤成本明细账（或成本计算单）的“直接材料”或“自制半成品”成本项目中去，即半成品成本随实物的转移而转移。再由于这类企业都是大量大批生产的企业，不断有投入也有产出，因而其成本计算定期在月末进行，与会计报告期一致，与生产周期不一致。同时，由于不断有投入也有产出，从而决定了在月末进行成本计算时各生产步骤必然存在尚处在加工过程中的在产品，这种处于某一加工步骤的在产品属于狭义在产品，因此，在分别计算最后步骤完工产品和以前各步骤半成品

成本时，均应将各步骤（包括最后步骤）汇集的生产费用在本步骤完工半成品（最后步骤为产成品）与在产品之间分配。

综上所述，逐步结转分步法就是为了计算半成品成本而采用的一种分步法。因此，这种方法亦称为计算半成品成本分步法。

二、逐步结转分步法的计算程序

在逐步结转分步法下，各步骤所耗用的上一步骤半成品的成本，要随着半成品实物的转移，从上一步骤的产品成本明细账转入下一步骤相同产品的产品成本明细账中，以便逐步计算各步骤的半成品成本和最后步骤的产成品成本。这种逐步结转各步成本的计算程序如图 10－1 所示：

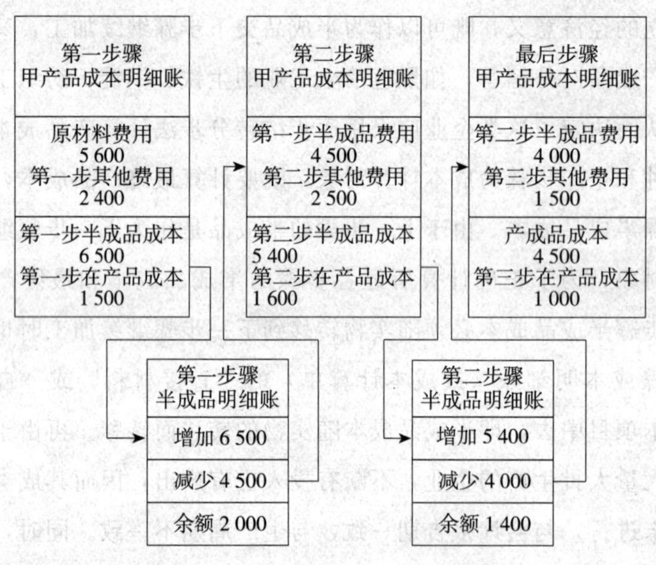

图 10－1　逐步结转分步法成本计算程序

在逐步结转分步法下，各步骤完工转出的半成品成本，应该从该步骤的产品成本明细账中转出；各步骤领用的半成品的成本，构成该步骤的一项费用，称为半成品费用，应该记入该步骤的产品成本明细账中。如果半成品完工后，不通过半成品库收发，而为下一步骤直接领用，半成品成本就在各步骤的产品成本明细账之间直接结转，不必编制结转半成品成本的会计分录。如果半成品完工后，不为下一步骤直接领用，而要通过半成品库收发（如图 10-1 所示），则应编制结转半成品成本的会计分录：在验收入库时，借记“自制半成品”科目，贷记“基本生产成本”科目，在下一步骤领用时，再编制相反的会计分录。

从图 10-1 中可以看出，采用这种分步法，每月月末，各项生产费用（包括所耗上一步骤半成品成本）在各步骤产品成本明细账中归集以后，如果该步骤既有完工的半成品（最后步骤为产成品），又有正在加工中的在产品，为了计算完工的半成品（最后步骤为产成品）的成本，还应将各步骤归集的生产费用，采用适当的分配方法，在完工半成品（最后步骤为产成品）与正在加工中的在产品之间进行分配，然后通过半成品的逐步结转，在最后一步骤的产品成本明细账中，计算出完工产品的成本。

从以上所述可以看出，逐步结转分步法实际上就是品种法的多次连续应用。即在采用品种法计算上一步骤的半成品成本以后，按照下一步骤的耗用数量转入下一步骤成本；下一步骤再一次采用品种法归集所耗半成品的费用和本步骤其他费用，计算其半成品成本；如此逐步结转，直至最后一个步骤算出产品的成本。

采用逐步结转分步法，按照结转的半成品成本在下一步骤产品成本明细账中的反映方法，分为综合结转分步法和分项结转分步法。

（一）综合结转分步法

综合结转分步法的特点是将各步骤所耗用的上一步骤半成品，以“原材料”、“直接材料”或专设“半成品”项目，综合记入该步骤的产品成本明细账中。

综合结转，可以按照半成品的实际成本结转，也可以按照半成品的计划成本（或定额成本）结转。

1. 按实际成本综合结转

采用这种结转方法，各步骤所耗用上一步骤的半成品费用，应根据所耗用半成品的实际数量乘以半成品的实际单位成本计算。由于各月所产半成品的实际单位成本不同，因而所耗半成品实际单位成本的计算，可根据企业的实际情况，选择使用先进先出法、加权平均法及后进先出法等方法。

【例 10－1】 假定淮河企业的甲产品生产分两个步骤，分别由两个车间进行。第一车间生产半成品，交半成品库验收；第二车间按照所需数量向半成品库领用。第二车间所耗半成品费用按全月一次加权平均单位成本计算。两个车间月末在产品均按定额成本计价。其成本计算程序如下：

（1）根据各种费用分配表、半成品交库单和第一车间在产品定额成本资料，登记第一车间甲半成品成本明细账（如表 10－1 所示）。

表 10－1　　基本生产成本明细账

车间名称：第一车间　　产品：甲半成品　　单位：元

月	日	摘　要	产量	原材料	工资及福利费	制造费用	合计
4	30	在产品成本（定额成本）		29 000	2 000	16 050	47 050
5	31	本月生产费用		77 300	6 550	52 000	135 850
	31	生产费用累计		106 300	8 550	68 050	182 900
	31	半成品成本	600	71 500	6 050	47 987.5	125 537.5
	31	半成品单位成本		119.17	10.08	79.98	209.23
	31	在产品成本（定额成本）		34 800	2 500	20 062.5	57 362.5

在产品成本明细账中，月初（即 4 月末）在产品成本应根据上月有关数据计算登记；本月生产费用根据本月各种费用分配表登记；月末在

产品成本应根据月末在产品的数量和定额工时、每件在产品材料费用定额、每小时的工资费用定额和制造费用定额计算登记。由于在产品按定额成本计价，因而完工转出的半成品成本应根据生产费用累计数，减去按定额成本计算的月末在产品成本计算登记。

根据第一车间的半成品交库单（单中所列半成品按交库数量和该车间甲半产品成本明细账中的半成品单位成本计价），编制结转半成品成本的会计分录如下：

借：自制半成品——甲半成品　　125 537.5

　　贷：生产成本——基本生产成本——甲半成品　125 537.5

（2）根据计价后的第一车间半成品交库单和第二车间领用半成品的领用单，登记自制半成品明细账（如表 10 - 2 所示）。

表 10 - 2　　自制半成品明细账

半成品：甲半成品　　单位：件

月份	月初余额		本月增加		累　计			本月减少	
	数量	实际成本	数量	实际成本	数量	实际成本	单位成本	数量	实际成本
5	150	29 787.5	600	125 537.5	750	155 325	207.10	550	113 905
6	200	41 420							

在上列自制半成品明细账中，月初余额应根据上月有关数据计算登记；本月增加的数量和实际成本，应根据计价后的半成品交库单登记；累计的单位成本是全月一次加权平均单位成本，应根据累计的实际成本除以累计的数量计算登记；本月减少的数量，应根据第二车间领用半成品的领用单登记；本月减少的实际成本，应根据本月减少数量乘以累计单位成本计算登记。

根据第二车间领用半成品的领用单（单中所列半成品按领用数量和自制半成品明细账中的累计单位成本计价），编制结转半成品成本的会计分录如下：

借：生产成本——基本生产成本——甲产成品　　113 905

　　贷：自制半成品——甲半成品　　113 905

（3）根据各种费用分配表、半成品领用单、产成品交库单，以及第二车间在产品定额成本资料，登记第二车间甲产品成本明细账（如表10-3所示）。

表10-3　基本生产成本明细账

车间名称：第二车间　　产品：甲产成品　　单位：元

月	日	摘　要	产量	半成品	工资及福利费	制造费用	合计
4	30	在产品成本（定额成本）		95 000	4 950	24 750	124 700
5	31	本月生产费用		113 905	7 850	38 450	160 205
	31	生产费用累计		208 905	12 800	63 200	284 905
	31	产成品成本	700	142 405	10 400	51 200	204 005
	31	产成品单位成本		203.44	14.86	73.14	291.44
	31	在产品成本（定额成本）		66 500	2 400	12 000	80 900

在上列产品成本明细账中，“半成品”成本项目就是为了综合登记所耗第一车间半成品的成本而增设的。其中，本月半成品费用，应根据第二车间计价后的半成品领用单登记。

根据第二车间产成品交库单（单中所列产成品按交库数量和该车间甲产成品成本明细账中的产成品单位成本计价），编制结转产成品成本的会计分录如下：

借：库存商品——甲产成品　　204 005

　　贷：生产成本——基本生产成本——甲产成品　　204 005

2. 按计划成本综合结转

采用这种结转方法，半成品日常收发的明细核算均按计划成本计价；在半成品实际成本计算出来后，再计算半成品成本差异额和差异率，调整领用半成品计划成本。而半成品收发的总分类核算则按实际成本计价。

为了调整所耗用半成品的成本差异，自制半成品明细账不仅要反映半成品收发和结存的数量和实际成本，而且要反映其计划成本，以及成本差异额和成本差异率。在产品成本明细账中，对于所耗用半成品的成本，可以直接按照调整成本差异后的实际成本登记；也可以按照计划成本和成本差异分别登记，以便于分析上一步骤半成品成本差异对本步骤成本的影响。如采用后面的一种做法，产品成本明细账中的“半成品”项目，应分设“计划成本”、“成本差异”、“实际成本”三栏。

将上例企业资料列示在采用半成品按计划成本综合结转方法中，自制半成品明细账的格式如表 10－4 所示：

表 10－4　　自制半成品明细账

半成品：甲半成品　　计划单位成本：190　　单位：件

月　份			5	6
月初余额	数量	(1)	150	200
	计划成本	(2)	28 500	38 000
	实际成本	(3)	29 787.5	41 420
本月增加	数量	(4)	600	
	计划成本	(5)	114 000	
	实际成本	(6)	125 537.5	
合　计	数量	(7) ＝ (1) ＋ (4)	750	
	计划成本	(8) ＝ (2) ＋ (5)	142 500	
	实际成本	(9) ＝ (3) ＋ (6)	155 325	
	成本差异	(10) ＝ (9) － (8)	12 825	
	成本差异率	(11) ＝ (10) ÷ (8) ×100%	9%	
本月减少	数量	(12)	550	
	计划成本	(13)	104 500	
	实际成本	(14) ＝ (13) ＋ (13) × (11)	113 905	

在上表所列示的自制半成品明细账中，本月增加和本月减少的计划成本，应根据半成品的交库单和领用单所列数量，按计划单位成本计价后登记。本月增加的实际成本，应根据第一车间甲半成品成本明细账中完工转出的半成品成本登记，累计的成本差异、成本差异率和本月减少

的实际成本的计算公式如下：

累计成本差异＝累计实际成本－累计计划成本

$$=155\,325-142\,500=+12\,825（元）$$

$$累计成本差异率=\frac{累计成本差异}{累计计划成本}\times 100\%$$

$$=\frac{+12\,825}{142\,500}\times 100\%=+9\%$$

本月减少的实际成本＝本月减少的计划成本×（1＋成本差异率）

$$=104\,500\times(1+9\%)=113\,905（元）$$

在第二车间产品成本明细账中，如果“半成品”或“原材料”成本项目按调整成本差异后的实际成本登记，其格式和金额与前例相同；如果“半成品”或“原材料”成本项目按“计划成本”、“成本差异”和“实际成本”分列三栏，其格式和金额如表 10－5 所示：

表 10－5　　基本生产成本明细账

车间名称：第二车间　　产品：甲产成品　　单位：元

月	日	摘　要	产量	半成品			工资及福利费	制造费用	合计
				计划成本	成本差异	实际成本			
4	30	在产品成本（定额成本）		95 000		95 000	4 950	24 750	124 700
5	31	本月生产费用		104 500	＋9 405	113 905	7 850	38 450	160 205
	31	生产费用累计		199 500	＋9 405	208 905	12 800	63 200	284 905
	31	产成品成本	700	133 000	＋9 405	142 405	10 400	51 200	204 005
	31	产成品单位成本		190	＋13.44	203.44	14.86	73.14	291.44
	31	在产品成本（定额成本）		66 500		66 500	2 400	12 000	80 900

在上表所列产品成本明细账中，本月所耗按计划单位成本计算的半成品费用，应根据按计划单位成本计价的半成品领用单登记；本月所耗半成品的成本差异应根据所耗半成品的计划成本乘以自制半成品明细账中的成本差异率计算登记：

$$\text{本月所耗半成品的应分配的成本差异}=\text{本月所耗半成品的计划成本}\times\text{成本差异率}$$

$$=104\ 500\times 9\%=+9\ 405\text{（元）}$$

由于该企业规定在产品按定额成本计价，因而在产品所耗用的半成品没有成本差异。也正因此，本月所耗半成品的成本差异 9 405 元全部计入本月产成品成本。

各个生产步骤领用上一生产步骤的半成品，相当于领用原材料。因此，综合结转半成品成本的核算，相当于各生产步骤领用原材料的核算。按实际成本综合结转半成品的核算原理与按材料实际成本进行产品所耗材料费用的核算原理基本相同；按计划成本综合结转半成品成本的核算原理与按材料计划成本进行产品所耗材料费用的核算原理基本相同。

与按实际成本综合结转半成品成本方法相比较，按计划成本综合结转半成品成本具有两方面的优点：

其一，可以简化和加速半成品核算和产品成本计算工作。按计划成本结转半成品成本，可以简化和加速半成品收发的凭证计价和记账工作。在半成品的种类较多，按类计算半成品成本差异率、调整所耗用半成品成本差异时，更可以省去按品种、规格设立产品成本明细账，逐一计算所耗半成品的实际成本和成本差异，逐一调整所耗半成品成本差异的大量计算工作；如果月初半成品结存量较大，本月耗用的半成品大部分甚至全部是以前月份生产的，这时本月所耗半成品成本差异也可以根据上月半成品的成本差异率，即月初结存半成品的成本差异率调整计算。这样，各生产步骤都可以根据本步骤所耗上一步骤半成品的计划成本乘以月初半成品成本差异率，同时计算所耗半成品的成本差异和实际费用，而不必等月末算出上一步骤本月半成品的实际成本、成本差异和成本差异率以后，再来计算所耗半成品的成本差异和实际费用，成本计算不必逐步等待，因而可以加速成本计算工作。

其二，便于各步骤进行成本的考核和分析。按计划成本结转半成品成本，在各步骤的产品成本明细账中，可以分别反映所耗半成品的计划成本、成本差异和实际成本，因而在分析各成本时，可以剔除上一步骤半成品成本变动对本步骤产品成本的影响，有利于分清经济责任，考核各步骤的经济效益。如果各步骤所耗半成品的成本差异，不调整计入各步骤的产品成本，而是直接调整计入最后的产成品成本，不仅可以进一步简化和加速各步骤的成本计算工作，而且由于各步骤产品成本中不包括上一步骤半成品变动的影响，因而更便于分清各步骤的经济责任，便于各步骤产品成本的考核和分析。

3. 综合结转法成本还原

采用综合结转法结转半成品成本，各步骤所耗半成品的成本是以“半成品”或“原材料”项目综合反映的。这样计算出来的产成品成本，不能提供按原始成本项目反映的成本资料。在生产步骤较多的情况下，逐步综合结转半成品成本以后，表现在产成品成本中的绝大部分费用，是最后一个步骤所耗半成品的费用，其他费用只是最后一个步骤的费用，在产品成本中所占比重很小。这显然不符合企业产品成本的结构（也就是各项成本之间的比例关系）的实际情况，因而不能据以从整个企业的角度来考核与分析产品成本的构成和水平。例如某种产品由三个生产步骤组成，上一生产步骤直接为下一生产步骤提供半成品直到第三个生产步骤。其各步骤成本逐步结转的结果如表 10－6 所示：

表 10-6　　单位：元

生产步骤 \ 成本项目	半成品	原材料	工资及福利费用	制造费用	合计
第一步半成品成本		1 700	400	1 100	3 200
第二步半成品成本	3 200		500	1 600	5 300
第三步半成品成本	5 300		600	1 900	7 800
原始成本项目合计		1 700	1 500	4 600	7 800

从表中数据可以看出，第一步骤完工的半成品成本 3 200 元转作第二步骤的半成品费用；第二步骤完工的半成品成本 5 300 元转作第三步骤的半成品费用。在最后算出的第三步骤产成品成本中，除了这一项为数颇大的半成品费用（约占产成品成本 7 800 元的 68%）以外，工资及福利费只有 600 元，制造费用只有 1 900 元（两者合计只占产成品成本的 32%），这与企业该种产品成本的实际结构，即原材料费用 1 700 元，工资及福利费 1 500 元和制造费用 4 600 元（后两者合计约占产成品成本的 78%）大不相同。因此，在管理上要求从整个企业角度分析和考核产品成本的构成时，还应将逐步综合结转算出的产成品成本进行成本还原，即将产成品成本还原为按原始成本项目反映的成本。

如果像上例所列，各步骤所耗的半成品费用，恰好是上一生产步骤生产的半成品成本，两者可以互相抵消。成本还原的方法很简单，只要将各步骤所耗半成品略而不计，将各步骤的原材料费用、工资及福利费和制造费用分别汇总即可。但在实际工作中，上一步骤所产半成品的数量与下一生产步骤所耗半成品的数量往往不相等，因而上述两者不能相互抵消，这就需要进行专门的成本还原。通常采用的成本还原方法是：从最后一个步骤起，把各步骤所耗上一步骤半成品的综合成本，逐步分解、还原成原材料、工资及福利费和制造费用等原始成本项目，从而求得按原始成本项目反映的产成品成本资料。一般是按本月所产半成品的成本结构进行还原，也就是从最后一个步骤起，把各步骤所耗上一步骤半成品的综合成本，按照上一步骤所产半成品成本的结构，逐步分解、还原成按原始成本项目反映的产品成本。

【例 10－2】　仍以甲产品成本为例：假定第二车间甲产品成本明细账中算出本月产成品所耗上一车间半成品费用为 142 405 元，按照第一车间半成品成本明细账算出的本月所产该半成品成本 125 537.75 元的结构，进行分解、还原，算出按原始成本项目反映的甲产品成本。

成本还原一般通过成本还原计算表进行。根据前例第一车间和第二车间甲产品成本明细账的有关资料，编制甲产成品的成本还原计算表（如表 10－7 所示）。

表 10－7　　产品成本还原计算表

产品名称：甲产品　　2004 年 5 月　　单位：元

列次	(1)	(2)	(3)	(4)	(5)	(6)
项　目	还原前产成品总成本	本月所产半成品成本	本月所产半成品成本结构	半成品成本还原	还原后产成品总成本	还原后产成品单位成本
产量					700	
半成品	142 405			－142 405		
原材料		71 500	56.955 1%	81 106.91	81 106.91	115.87
工资及福利费	10 400	6 050	4.819 3%	6 862.92	17 262.92	24.66
制造费用	51 200	47 987.5	38.225 6%	54 435.17	105 635.17	150.91
合　计	204 005	125 537.5	100%	0	204 005	291.44

表中第（1）列为还原前产成品总成本，应根据第二车间甲产成品成本明细账中的完工转出产成品成本填列，其中“半成品”成本项目 142 405 元是成本还原对象；第（2）列为本月所产半成品成本，应根据第一车间甲半成品成本明细账中完工转出的半成品成本填列，其中各成本项目之间的比例是成本还原的依据。

实际工作中，为了简化核算，也可按其所耗半成品总成本与该种半成品生产总成本的比率即还原分配率进行还原。该方法下的成本还原计算如表 10－8 所示：

表 10－8　　产品成本还原计算表

产品名称：甲产品　　2004 年 5 月　　单位：元

列次	(1)	(2)	(3)	(4)	(5)
项　目	还原前产成品成本	本月所产半成品成本	产成品成本中半成品成本还原	还原后产成品总成本	还原后产成品总成本
产量				700	
还原分配率			1.134 362 242		
半成品	142 405		－142 405		
原材料		71 500	81 106.90	81 106.90	115.87
工资及福利费	10 400	6 050	6 862.89	17 262.89	24.66
制造费用	51 200	47 987.5	54 435.21	105 635.21	150.91
合　计	204 005	125 537.5	0	204 005	291.44

此时，进行成本还原的步骤为：

(1) 计算还原分配率。其计算公式为：

$$还原分配率=\frac{本月本步所耗上一步骤半成品成本合计}{本月所产该种半成品成本合计}$$

依据资料计算为：

$$还原分配率=\frac{142\,405}{125\,537.5}=1.134\,362\,242$$

(2) 以还原分配率分别乘以本月所产该种半成品各个成本项目的费用，即可将本月产成品所耗半成品的综合成本，按照本月所产该种半成品的成本构成进行分解、还原，求得按原始成本项目反映的还原对象成本。本例中的还原计算如下：

产成品所耗半成品费用中的原材料费用＝71 500×1.134 362 242
＝81 106.90（元）

产成品所耗半成品费用中的工资及福利费＝6 050×1.134 362 242
＝6 862.89（元）

产成品所耗半成品费用中的制造费用＝47 987.5×1.134 362 242

＝54 435.21（元）

还原以后的各项费用之和等于还原对象，应与产成品所耗半成品成本相抵消。

（3）将表中第（1）列“工资及福利费”、“制造费用”与第（3）列产成品所耗半成品费用还原值中的原材料、工资及福利费、制造费用按成本项目分别相加，即为第（4）列按原始成本项目反映的还原后的产成品总成本。显然，以第（4）列与第（1）列数字相比较，产成品总成本相同，但各项费用构成不同。

这样还原算出的产成品所耗半成品成本的构成，就是本月所产半成品的成本构成。因为产成品成本中所耗半成品还原后的各项费用，是以本月所产半成品的各项费用分别乘以相同的倍数（还原分配率）计算求得的，因而两者的各项费用之间的比例关系不变，也就是说，将第二车间产成品中的半成品成本，按本月第一车间生产的该种半成品成本构成还原。

如果甲产品生产步骤不是两步，而是三步，按照上述方法，应先从第三步起将其所耗第二步骤生产的半成品综合成本进行分解、还原，但还原后的“半成品”项目还会有未还原尽的综合费用，即第二步骤产品消耗的第一步骤半成品的成本，这时还应再进行一次还原，直至“半成品”项目的综合费用全部分解、还原为原始成本项目时为止。

由于以前月份所产半成品的成本构成与本月所产半成品的成本构成不一致，因此，在各月所产半成品的成本构成变动不大的情况下，按照上述方法进行成本还原，对还原结果的正确不会有较大的影响。如果半成品的定额成本或计划成本比较准确，为了提高还原结果的正确性，产成品所耗半成品成本可以按定额成本或计划成本的成本构成进行还原。如果采用这样做法，上述成本还原计算表中第（2）列按成本项目分列的本月所产半成品的总成本，应改为按成本项目分列的半成品定额或计划的单位成本，以便更准确地反映各成本项目分列的构成比例。

4. 综合结转法的优缺点

综上所述，综合结转法的优点是：可以在各生产步骤的产品成本明细账中反映该步骤完工产品所耗半成品费用的水平和本步骤加工费用的水平，有利于各个生产步骤的成本管理。例如，可以从钢铁工业企业轧钢步骤的产品（钢材）成本明细账中看出完工产品（轧成的钢材）所耗半成品钢锭的费用水平和轧钢的费用水平，有利于轧钢步骤的成本管理。缺点是：为了从整个企业的角度反映产品成本的构成，加强企业综合成本的管理，必须进行成本还原，从而增加核算工作量。因此，这种结转方法只适宜在半成品具有独立的经济意义，管理上要求计算各完工产品所耗半成品费用，但不要求进行成本还原的情况下采用。例如，钢铁工业企业的半成品生铁和钢锭，既是本企业半成品，又是具有独立的经济意义的商品产品，要求计算生铁和钢锭成本，在分析和考核产成品钢材成本时，只需要了解所耗钢锭费用、轧钢步骤的加工费用即可，而不需要了解所耗原材料铁矿石费用、所耗各生产步骤工资及福利费、制造费用。这种企业就适用综合结转法。

（二）分项结转分步法

分项结转分步法的特点是将各步骤所耗用的上一步骤半成品成本，按照成本项目分项转入该步骤产品成本明细账的各个成本项目中。如果半成品通过半成品库收发，在自制半成品明细账中登记半成品成本时，也要按照成本项目分别登记。

分项结转，可以按照半成品的实际成本结转，也可以按照半成品的计划成本结转，然后按成本项目分项调整差异。由于后一种做法计算工作量较大，因而一般多采用按实际成本分项结转的方法。

1. 分项结转法的计算程序

仍以前面计算甲产品成本为例，说明分项结转法的计算程序。

（1）根据前面列示的第一车间甲半成品的成本明细账、第一车间半成品交库单和第二车间半成品领用单登记自制半成品明细账，如表10－9所示。表中甲半成品单位成本的各成本项目，都是按全月一次加权平均法计算的。

表 10－9　　自制半成品明细账

产品名称：甲半成品　　单位：元

月份	摘要	数量（件）	实际成本			
			原材料	工资及福利费用	制造费用	合计
5	月初余额	150	17 005	1 431.5	11 351	29 787.5
5	本月增加	600	71 500	6 050	47 987.5	125 537.5
5	合　计	750	88 505	7 481.5	59 338.5	155 325
5	单位成本		118.01	9.98	79.11	207.10
5	本月减少	550	64 905.5	5 489	43 510.5	113 905
5	月末余额	200	23 599.5	1 992.5	15 828	41 420

在表10－9所列自制半成品明细账中，本月增加的数量，应根据第一车间半成品交库单所列示交库数量登记；本月增加的实际成本，应根据第一车间甲半成品成本明细账所记完工转出的半成品成本按成本项目登记；本月减少的数量，应根据第二车间领用半成品的领用单所列领用数量登记；本月减少的实际成本，应根据领用数量乘以按成本项目分列的单位成本计算登记；月末余额，应根据累计的数量和实际成本减去本月减少的数量和实际成本计算登记。

（2）根据各种生产费用分配表、第二车间半成品领用单、自制半成品明细账、第二车间产成品交库单和第二车间在产品定额成本等资料，登记第二车间甲产品成本明细账，如表10－10所示。

在表10－10所示甲产成品成本明细账中，本月本步骤加工费用，应根据工资及福利费分配表和制造费用分配表登记；本月耗用半成品费用，应根据半成品领用单和自制半成品明细账所记半成品单位成本计算登记；本月转出产成品成本，应根据生产费用累计数减去按定额成本计算的在产品成本计算登记。其中的产成品单位成本合计数 291.44 元，与前例中甲产成品成本还原计算表中的还原后产成品单位成本合计数相同，但两者的成本结构不同。这是因为：产品成本还原计算表中产成品所耗半成品各项费用是按本月所产半成品的成本结构还原算出的，没有考虑以前月份所产半成品，即月初结存半成品成本结构的影响；而上例中产品成本明细账中产成品所耗半成品各项费用，不是按本月所产半成成品的成本结构还原计算，而是按其原始成本项目逐步转入的，包括了以前月份所产半成品成本结构的影响，是比较正确的。

表 10－10　　基本生产成本明细账

第二车间：甲产成品　　单位：元

月	日	摘　　要	产量（件）	原材料	工资及福利费	制造费用	合计
4	30	在产品成本（定额成本）		58 000	9 950	56 750	124 700
5	31	本月本步骤加工费用			7 850	38 450	46 300
	31	本月耗用半成品费用		64 905.5	5 489	43 510.5	113 905
	31	生产费用累计		122 905.5	23 289	138 710.5	284 905
	31	本月转出产成品成本	700	82 305.5	17 389	104 310.5	204 005
	31	产成品单位成本		117.58	24.84	149.02	291.44
	31	在产品成本（定额成本）		40 600	5 900	34 400	80 900

2. 分项结转法的优缺点

从以上所述可以看出，采用分项结转法结转半成品成本，可以直接、正确地提供按原始成本项目反映的企业产品成本资料，便于从整个企业的角度考核和分析产品成本计划的执行情况，不需要进行成本还原。但是，这一方法的成本结转工作比较复杂，而且在各步骤完工产品成本中看不出所耗上一步骤半成品费用是多少，本步骤加工费用是多少，不便于进行各步骤完工产品的成本分析。例如，钢铁工业企业的炼钢步骤所生产半成品钢锭的成本，如果分项转入轧钢步骤产品成本明细账各个成本项目，则在其完工转出的产成品钢材成本中就看不出所耗钢锭费用有多少，本步骤的轧钢费用有多少，因而不便于进行轧钢步骤的成本管理。在上述第二车间甲产品成本明细账中，虽然分成本项目登记了本月本步加工费用和本步骤所耗半成品费用，但是在完工转出的产成品成本中，看不出其中所耗半成品费用是多少，本步骤加工费用是多少。因此，分项结转法一般适用在管理上不要求计算各步骤完工产品所耗半成品费用和本步骤加工费用，而要求按原始成本项目计算产品成本的企业。这类企业各生产步骤的成本管理要求不高，实际上只是按生产步骤分别计算成本，其目的主要是编制按原始成本项目反映的企业产品成本报表。

三、逐步结转分步法核算举例

（一）综合结转法应用举例

【例 10－3】 设长江企业大量生产甲产品，该产品顺序经过三个生产步骤连续加工，最后形成产成品。原材料在生产开始时一次性投入，其他费用陆续发生，各步骤完工的半成品直接交下步骤加工，不通过半成品库收发。该企业采用逐步结转分步法计算产品成本，半成品成本按实际成本综合结转，各步骤在产品成本采用约当产量法计算，所耗半成品费用按全月一次加权平均法计算。甲产品的产量记录和有关费用资料如表 10－11 和表 10－12 所示：

表 10－11 产品产量记录 单位：件

摘　　要	一车间	二车间	三车间	产成品
月初在产品	50	20	70	—
本月投入或上步转入	300	250	200	—
本月完工	250	200	250	250
月末在产品	100	70	20	—

说明：在产品完工程度均为 50％。

表 10-12　　各项费用资料　　单位：元

摘　要	车　间	直接材料	自制半成品	直接人工	制造费用	合计
月初在产品成本	一车间	4 500	—	550	950	6 000
	二车间	—	3 000	480	520	4 000
	三车间	—	17 500	3 850	3 150	24 500
本月发生费用	一车间	27 000	—	6 050	10 450	43 500
	二车间	—	—	10 800	11 700	22 500
	三车间	—	—	24 750	20 250	45 000

说明：①月初在产品成本根据上月成本计算单资料填列。

②本月发生费用根据本月各种费用分配表所得。

1. 成本计算。各步骤成本计算如表 10-13、表 10-14、表 10-15 所示：

表 10-13　　第一车间生产成本成本明细账

产品名称：甲 A 半成品　　2004 年 5 月完工量：250 件　　单位：元

摘　要	直接材料	直接人工	制造费用	合　计
月初在产品成本	4 500	550	950	6 000
本月生产费用	27 000	6 050	10 450	43 500
生产费用合计	31 500	6 600	11 400	49 500
半成品单位成本	90	22	38	150
完工半成品成本	22 500	5 500	9 500	37 500
月末在产品成本	9 000	1 100	1 900	12 000

表 10-13 中有关成本计算如下：

(1) 单位成本的计算：

$$单位产品直接材料成本=\frac{31\ 500}{100+250}=90（元）$$

$$单位产品直接人工成本=\frac{6\ 000}{250+100\times 50\%}=22（元）$$

$$单位产品制造费用成本=\frac{11\ 400}{250+100\times 50\%}=38（元）$$

（2）转出半成品成本的计算：

半成品直接材料成本＝90×250＝22 500（元）

半成品直接人工成本＝22×250＝5 500（元）

半成品制造费用成本＝38×250＝9 500（元）

（3）月末在产品成本的计算：

在产品直接材料成本＝90×100＝9 000（元）

在产品直接人工成本＝22×100×50％＝1 100（元）

在产品制造费用成本＝38×100×50％＝1 900（元）

表 10－14　　第二车间基本生产成本明细账

产品名称：甲 B半成品　　2004 年 5 月　完工量：200 件　　单位：元

摘　要	直接材料	直接人工	制造费用	合　计
月初在产品成本	3 000	480	520	4 000
本月生产费用	37 500	10 800	11 700	60 000
生产费用合计	40 500	11 280	12 220	64 000
半成品单位成本	150	48	52	250
完工半成品成本	30 000	9 600	10 400	50 000
月末在产品成本	10 500	1 680	1 820	14 000

表 10－14 中有关成本计算如下：

（1）单位成本的计算：

单位产品自制半成品成本＝$\frac{40\ 500}{200+70}$＝150（元）

单位产品直接人工成本＝$\frac{11\ 280}{200+70\times 50\%}$＝48（元）

单位产品制造费用成本＝$\frac{12\ 220}{200+70\times 50\%}$＝52（元）

（2）转出半成品成本的计算

半成品自制半成品成本＝150×200＝30 000（元）

半成品直接人工成本＝48×200＝9 600（元）

半成品制造费用成本＝52×200＝10 400（元）

（3）月末在产品成本的计算：

在产品自制半成品成本＝150×70＝10 500（元）

在产品直接人工成本＝48×70×50％＝1 680（元）

在产品制造费用成本＝52×70×50％＝1 820（元）

表 10－15　　　第三车间产品成本明细账

产品名称：甲产成品　　2004 年 5 月　完工量：250 件　　　单位：元

摘　要	自制半成品	直接人工	制造费用	合　计
月初在产品成本	17 500	3 850	3 150	24 500
本月生产费用	50 000	24 750	20 250	95 000
生产费用合计	67 500	28 600	23 400	119 500
产成品单位成本	250	110	90	450
完工产品成本	62 500	27 500	22 500	112 500
月末在产品成本	5 000	1 100	900	7 000

表 10－15 中有关成本计算如下：

（1）单位成本的计算：

单位产品自制半成品成本$=\frac{67\,500}{250+20}=250$（元）

单位产品直接人工成本$=\frac{28\,600}{250+20\times 50\%}=110$（元）

单位产品制造费用成本$=\frac{23\,400}{250+20\times 50\%}=90$（元）

（2）转出半成品成本的计算：

产成品自制半成品成本＝250×250＝62 500（元）

产成品直接人工成本＝110×250＝27 500（元）

产成品制造费用成本＝90×250＝22 500（元）

（3）月末在产品成本的计算：

在产品自制半成品成本＝250×20＝5 000（元）

在产品直接人工成本＝110×20×50％＝1 100（元）

在产品制造费用成本＝90×20×50％＝900（元）

2. 成本还原。甲产成品成本还原计算表如表 10－16 所示：

表 10－16　　产品成本还原计算表　　产成品：250 件

行次	项目	还原分配率	自制半成品（第二步骤）	自制半成品（第一步骤）	直接材料	直接工资	制造费用	合计
(1)	还原前产成品成本		62 500			27 500	22 500	112 500
(2)	第二步半成品成本			30 000		9 600	10 400	50 000
(3)	第一次成本还原	62 500/50 000＝1.25	－62 500	37 500		12 000	13 000	
(4)	第一步半成品成本				22 500	5 500	9 500	37 500
(5)	第二次成本还原	37 500/37 500＝1		－37 500	22 500	5 500	9 500	
(6)	还原后产成品成本				22 500	45 000	45 000	112 500
(7)	产成品单位成本				90	180	180	450

说明：(6) ＝ (1) ＋ (3) ＋ (5)

（二）分项结转法应用举例

【例 10－4】　假定天柱公司大量生产甲产品，该产品先后经过三个生产步骤连续加工，最后形成产成品。原材料在各步骤开始时一次性投入，其他费用陆续发生，各步骤完工的半成品直接交下步骤加工，不通过半成品库收发。该企业采用分项结转分步法计算产品成本，半成品成本按实际成本分项结转，各步骤在产品成本采用约当产量法计算。甲产品的产量记录和有关费用如表 10－17 和表 10－18 所示：

表 10－17　　产品产量记录　　单位：件

摘　　要	一车间	二车间	三车间	产成品
月初在产品	50	100	50	—
本月投入或上步转入	350	300	250	—
本月完工	300	250	200	200
月末在产品	100	150	100	—
完工程度	30%	60%	50%	

表 10－18　　各项费用资料　　单位：元

摘　　要	车间	直接材料	工资及福利费	制造费用	合　计
月初在产品成本	一车间	5 000	600	1 000	6 600
	二车间	1 000	500	550	2 050
	三车间	6 000	2 000	2 400	10 400
本月发生费用	一车间	30 000	6 000	10 000	46 000
	二车间	8 000	10 000	12 000	30 000
	三车间	10 000	20 000	18 000	48 000

各步骤产品成本计算如表 10－19、10－20、10－21 所示：

表 10－19　　基本生产成本明细账

第一车间：甲 A 半成品　　单位：元

摘　　要	产量	原材料	工资及福利费	制造费用	合　计
月初余额	50	5 000	600	1 000	6 600
本月本步加工费用	350	30 000	6 000	10 000	46 000
生产费用累计	400	35 000	6 600	11 000	52 600
半成品单位成本		87.5	20	33.3	140.8
本月转出半成品成本	300	26 250	6 000	10 000	42 250
月末在产品成本	100	8 750	600	1 000	10 350

表 10－19 有关计算如下：

（1）单位成本的计算：

$$\text{单位产品原材料成本}=\frac{35\,000}{300+100}=87.5\ (\text{元})$$

单位产品工资及福利费用$=\frac{6\,600}{300+100\times30\%}=20$（元）

单位产品制造费用成本$=\frac{11\,000}{300+100\times30\%}=33.333$（元）

（2）本月转出半成品成本的计算：

半成品原材料成本＝87.5×300＝26 250（元）

半成品工资及福利费＝20×300＝6 000（元）

半成品制造费用成本＝33.333×300＝10 000（元）

（3）月末在产品成本的计算：

在产品原材料成本＝87.5×100＝8 750（元）

在产品工资及福利费用＝20×100×30%＝600（元）

在产品制造费用成本＝33.333×100×30%＝1 000（元）

表 10－20　　基本生产成本明细账

第二车间：甲 B 半成品　　单位：元

摘　　要	产量	原材料	工资及福利费	制造费用	合　计
月初余额	100	1 000	500	550	2 050
本月本步加工费用	300	8 000	10 000	12 000	30 000
本月耗用上步半成品费用	(300)	26 250	6 000	10 000	42 250
生产费用累计	400	35 250	16 500	22 550	74 300
半成品单位成本		88.1	48.5	66.3	202.9
本月转出半成品成本	250	22 025	12 125	16 575	50 725
月末在产品成本	150	13 225	4 375	5 975	23 575

表 10－20 有关计算如下：

（1）单位成本的计算：

单位产品原材料成本$=\frac{32\,250}{250+150}=88.1$（元）

单位产品工资及福利费用$=\frac{16\,500}{250+150\times60\%}=48.5$（元）

单位产品制造费用成本$=\frac{22\,550}{250+150\times60\%}=66.3$（元）

（2）本月转出半成品成本的计算：

半成品原材料成本＝88.1×250＝22 025（元）

半成品工资及福利费＝48.5×250＝12 125（元）

半成品制造费用成本＝66.3×250＝16 575（元）

（3）月末在产品成本的计算：

在产品原材料成本＝88.1×150＝13 225（元）

在产品工资及福利费用＝48.5×150×60％＝4 375（元）

在产品制造费用成本＝66.3×150×60％＝5 975（元）

表 10－21　　　　基本生产成本明细账

第三车间：甲产成品　　　　　　　　　　　　单位：元

摘　要	产量	原材料	工资及福利费	制造费用	合　计
月初余额	50	6 000	2 000	2 400	10 400
本月本步加工费用	250	10 000	20 000	18 000	48 000
本月耗用上步半成品费用	(250)	22 025	12 125	16 575	50 725
生产费用累计	300	38 025	34 125	36 975	109 125
产成品单位成本		126.75	136.5	147.9	411.15
本月转出产成品成本	200	25 350	27 300	29 580	82 230
月末在产品成本	100	12 675	6 825	7 395	26 895

表 10－21 有关计算如下：

（1）单位成本的计算：

$$单位产品直接材料成本=\frac{38\,025}{200+100}=126.75（元）$$

$$单位产品工资及福利费用=\frac{34\,125}{200+100\times60\%}=136.5（元）$$

$$单位产品制造费用成本=\frac{36\,975}{200+100\times60\%}=147.9（元）$$

（2）本月转出产成品成本的计算：

产成品原材料成本＝126.75×200＝25 350（元）

产成品工资及福利费＝136.5×200＝27 300（元）

产成品制造费用成本＝147.9×200＝29 580（元）

（3）月末在产品成本的计算：

在产品原材料成本＝126.75×100＝12 675（元）

在产品工资及福利费用＝136.5×100×50％＝6 825（元）

在产品制造费用成本＝147.9×100×50％＝7 395（元）

（4）分项结转法中产品成本明细账直接按原始成本项目反映产成品成本的构成，所以无需进行成本还原。

四、逐步结转分步法的优缺点和适用范围

综上所述，逐步结转分步法的优缺点可以概括如下：

第一，逐步结转分步法的成本计算对象是企业产成品及其各步骤的半成品，这就为分析和考核企业产品成本计划和各生产步骤半成品成本计划的执行情况，为正确计算半成品销售成本提供资料。

第二，不论是综合结转还是分项结转，半成品成本都是随着半成品实物的转移而结转，各生产步骤产品成本明细账中的生产费用金额，反映着留存在各个生产步骤的在产品成本，因而还能为在产品的实物管理和生产资金管理提供资料。

第三，采用综合结转法结转半成品成本时，由于各生产步骤产品成本中包括所耗上一生产步骤半成品成本，从而能全面反映各步骤完工产品中所耗上一步骤半成品费用水平和本步骤加工费用水平，有利于各步骤的成本管理。采用分项结转法结转半成品成本时，可以直接提供按原始成本项目反映的产品成本资料，满足企业分析和考核产品成本构成和水平的需要，而不必进行成本还原。

第四，这一方法的核算工作比较复杂，核算工作的及时性也较差。如果采用综合结转法，需要进行成本还原；如果采用分项结转法，结转的核算工作量较大；如果半成品按计划成本结转，还要计算和调整半成品成本差异；如果半成品成本按实际成本结转，各步骤则不能同时计算成本，成本计算的及时性差。因此，应用这一方法时，必须从实际出发，根据管理要求，权衡利弊，做到既满足管理要求，提供所需各种资料，又能简化核算工作。

与上述优缺点相联系，逐步结转分步法一般适宜在半成品品种不多、逐步结转半成品成本的工作量不是很大的情况下，或者半成品的种类较多，但管理上要求提供各个生产步骤半成品成本数据的情况下采用。

第三节　平行结转分步法

一、平行结转分步法的特点和适用范围

平行结转分步法是指不计算各步骤的半成品成本，而只计算本步骤发生的费用和应由产成品负担的份额，将各步骤成本计算单中产成品应负担的份额平行汇总来计算产成品成本的一种方法。

平行结转分步法主要适用于装配式多步骤大量大批生产的企业，同时也适用于连续式多步骤生产，但各步骤半成品没有独立的经济意义或不出售的企业。在这一类企业里，尤其是装配式多步骤大量大批生产的企业，它们的产品生产过程，首先是对各种原材料平行地进行连续的加工，使其成为各种半成品——零件和部件，然后再装配成各种产成品。例如，机械制造企业的车间一般按生产工艺过程设置，设有铸工、锻工、加工、装配等车间。铸工车间利用生铁、钢、铜等各种原料熔铸各种铸件；锻工车间利用各种外购钢材锻造各种锻件。铸件和锻件都是用来进一步加工的毛坯。加工车间对各种铸件、锻件、外购半成品和外购原材料进行加工，制造各种产品的零件和部件，然后转入装配车间进行

装配，生产各种机械产品。由于在这类生产企业中，各生产步骤所产半成品的种类很多，但半成品外售的情况却很少，在管理上不要求计算半成品成本，因而为了简化和加速成本计算工作，在计算产品成本时，可以不计算各步骤半成品成本，也不计算各步骤所耗上一步骤的半成品成本（即各步骤之间不结转所耗半成品成本），只计算本步骤所发生的各项生产费用以及这些费用中应计入产成品成本的份额，然后，将各步骤应计入同一产成品成本的份额平行结转、汇总，即可计算出该种产品的产成品成本。

采用平行结转分步法，各生产步骤不计算半成品成本，只计算本步骤所发生的生产费用。除第一步骤生产费用中包括所耗用的原材料和各项加工费用外，其他生产步骤只计算本步骤发生的各项加工费用。同时，各步骤之间也不结转半成品成本，只是在企业的产成品入库时，才将各步骤费用中应计入产成品成本的份额从各步骤产品成本明细账中转出，即从“生产成本——基本生产成本”科目的贷方转入“库存商品”科目的借方。因此，采用这一方法，不论半成品是在各步骤之间直接转移，还是通过半成品库收发，都不通过“自制半成品”科目进行总分类核算。也就是说，半成品成本不随半成品实物的转移而结转。同样，每一生产步骤的生产费用也要在其完工产品与月末在产品之间进行分配。但这里的完工产品，是指企业最后完工的产品，某步骤完工产品费用，是该步骤生产费用中用于产成品成本的份额。与此相联系，这里的在产品是指尚未完工的全部在产品和半成品，包括：①尚在本步骤加工中的在产品，即狭义在产品；②本步骤已完工转入半成品库的半成品；③已从半成品库转到以后各步骤进一步加工、尚未最后完工的产品。这是就整个企业而言的广义在产品。因此，这里的在产品费用，是指包括这三个部分的广义在产品的费用。其中后两部分的实物已经从本步骤转出，但其费用仍留在本步骤产品成本明细账中尚未转出。这就是说，在平行结转分步法下，各步骤的生产费用（不包括所耗上一步骤的半成品费用）要在产成品与广义在产品之间进行分配，计算这些费用在产成品成本中所占的份额和广义在产品中所占的份额。

综上所述，平行结转分步法就是为了不计算半成品成本而采用的一种分步法。因此，这种方法亦称为不计算半成品成本分步法。

二、平行结转分步法的计算程序

平行结转分步法的计算程序，如图 10－2 所示：

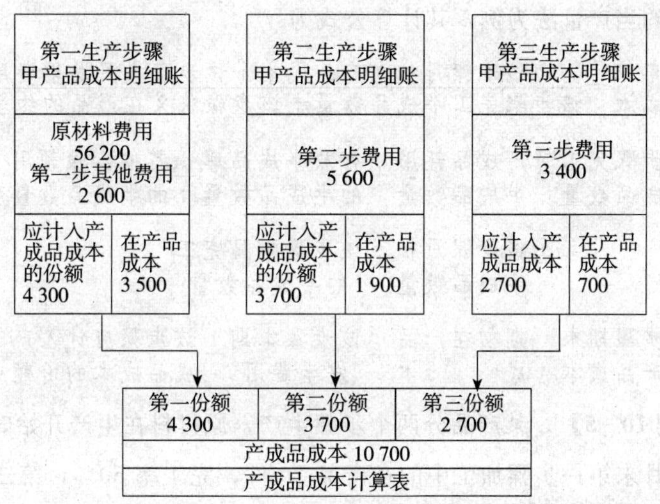

图 10－2 平行结转分步法成本计算程序

从图 10－2 可以看出，平行结转分步法的基本计算程序如下：

首先，按产品和加工步骤设置成本明细账，各步骤成本明细账分成本项目归集本步骤发生的生产费用（但不包括耗用上一步骤半成品的成本）。

其次，月末将各步骤归集的生产费用在产成品与广义在产品之间进行分配，计算各步骤费用中应计入产成品成本的份额。

最后，将各步骤费用中应计入产成品成本的份额按成本项目平行结转，汇总计算产成品的总成本及单位成本。

采用平行结转分步法计算最后产成品成本的关键是正确确定各步骤生产费用中应计入产成品成本的份额，即每一生产步骤的生产费用正确地在完工产成品和广义在产品之间进行分配。

各步骤计入产成品成本份额的计算公式如下：

$$\text{某步骤应计入产成品成本的份额}=\text{产成品产量}\times\frac{\text{单位完工产品耗用}}{\text{该步骤半成品数量}}\times\text{该步骤单位半成品成本}$$

式中，单位半成品成本是采用约当产量法、定额比例法或在产品按定额成本等方法分配求得的。在分配时，应按成本项目分别进行。

以约当产量法为例，其计算公式为：

$$\text{某步骤单位半成品成本}=\frac{\text{该步骤月初在产品成本}+\text{该步骤本月发生费用}}{\text{该步骤完工半成品数量}+\text{该步骤狭义在产品的约当产量}}$$

$$\text{某步骤完工半成品数量}=\text{产成品耗用半成品数量}+\text{存放半成品库的半成品数量}+\text{其他步骤领用的半成品数量}$$

$$=\text{该步骤月初半成品数量}+\text{该步骤本月完工的半成品数量}$$

$$\text{某步骤期末在产品成本}=\text{期初在产品成本}+\text{该步骤本期发生费用}-\text{该步骤应计入产成品成本的份额}$$

【例 10-5】 某产品分两个步骤生产，原材料在生产开始时一次性投入，月末第一步骤加工中的在产品 20 件，完工率 50%，第二步骤加工中的在产品 5 件，产成品 20 件。第二步骤中单位在产品和产成品耗用第一步骤半成品 2 件。第一步骤月初在产品和本月发生费用合计数：原材料费用 14 000 元，加工费 900 元。

$$\text{第一步骤单位半成品原材料费用}=\frac{14\,000}{20\times2+5\times2+20}=200\text{（元/件）}$$

$$\text{第一步骤应计入产成品成本的原材料费用}=20\times2\times200=8\,000\text{（元）}$$

$$\text{第一步骤期末在产品成本中的原材料费用}=14\,000-8\,000=6\,000\text{（元）}$$

$$\text{第一步骤单位半成品加工费}=\frac{900}{20\times2+5\times2+20\times50\%}=15\text{（元）}$$

$$\text{第一步骤应计入产成品成本的加工费}=20\times2\times15=600\text{（元）}$$

$$\text{第一步骤期末在产品成本中的加工费}=900-600=300\text{（元）}$$

三、平行结转分步法核算举例

【例 10－6】 假定长江企业设有三个生产步骤。第一步骤生产甲半成品，第二步骤将甲半成品加工成乙半成品，第三步骤将乙半成品加工成丙产成品。原材料在加工开始时一次性投入。各加工步骤狭义在产品的加工程度均为 50%。2004 年 5 月份有关产量和成本的资料如表 10－22 和表 10－23 所示：

1. 产量记录表：

表 10－22　　5 月份各加工步骤的产量　　单位：件

项　目	第一步骤	第二步骤	第三步骤
期初在产品数量	80	60	20
本月投入数量	340	400	360
本月产出数量	400	360	300
期末在产品数量	20	100	80

2. 各步骤成本资料表：

表 10－23　　5 月份各加工步骤的成本　　单位：元

步骤＼成本项目	月初在产品成本				本月生产费用			
	直接材料	直接人工	制造费用	合计	直接材料	直接人工	制造费用	合计
第一步骤	1 250	755	2 090	4 095	22 750	11 495	13 100	47 345
第二步骤	—	826	620	1 446	—	9 064	5 400	14 464
第三步骤	—	1 565	928	2 493	—	5 915	4 852	10 767

产品成本计算过程如下：

（1）第一步骤产品成本计算如表 10－24 所示：

表 10－24　　基本生产成本明细账

第一步骤：甲半成品　　2004 年 5 月　　单位：元

摘　　要	直接材料	直接人工	制造费用	合　计
期初在产品	1 250	755	2 090	4 095
本月生产费用	22 750	11 495	13 100	47 345
生产费用合计	24 000	12 250	15 190	51 440
约当产量	500	490	490	—
分配率	48	25	31	
应计入产成品成本的份额	14 400	7 500	9 300	31 200
期末产成品	9 600	4 750	5 890	20 240

直接材料约当产量＝（60＋20）＋400＋20＝500（件）

或＝300＋（100＋80＋20）＝500（件）

直接人工约当产量＝（60＋20）＋400＋20×50％＝490（件）

或＝300＋（80＋100＋20×50％）＝490（件）

制造费用约当产量＝（60＋20）＋400＋20×50％＝490（件）

或＝300＋（80＋100＋20×50％）＝490（件）

2. 第二步骤产品成本计算如表 10－25 所示：

表 10－25　　基本生产成本明细账

第二步骤：乙半成品　　2004 年 5 月　　单位：元

摘　　要	直接人工	制造费用	合　计
期初在产品	826	620	1 446
本月生产费用	9 064	5 400	14 464
生产费用合计	9 890	6 020	15 910
约当产量	430	430	—
分配率	23	14	
应计入产成品成本的份额	6 900	4 200	11 100
期末产成品	2 990	1 820	4 810

直接人工约当产量＝20＋360＋100×50％＝430（件）

或＝300＋（80＋100×50％）＝430（件）

制造费用约当产量＝20＋360＋100×50％＝430 件

或＝300＋（80＋100×50％）＝430（件）

（3）第三步骤产品成本计算如表 10－26 所示：

表 10－26　　基本生产成本明细账

第三步骤：丙产成品　　2004 年 5 月　　单位：元

摘　　要	直接人工	制造费用	合　计
期初在产品	1 565	928	2 493
本月生产费用	5 915	4 852	10 767
生产费用合计	7 480	5 780	13 260
约当产量	340	340	—
分配率	22	17	
应计入产成品成本的份额	6 600	5 100	11 700
期末产成品	880	680	1 560

直接人工约当产量＝300＋80×50％＝340（件）

制造费用约当产量＝300＋80×50％＝340（件）

（4）平行汇总产成品成本如表 10－27 所示：

表 10－27　　产品成本汇总计算表

产品名称：丙产品　　2004 年 5 月　　产量：300 台

项　目	直接材料	直接人工	制造费用	合　计
第一步骤	14 400	7 500	9 300	31 200
第二步骤		6 900	4 200	11 100
第三步骤		6 600	5 100	11 700
总成本	14 400	21 000	18 600	54 000
单位成本	48	70	62	180

四、平行结转分步法的优缺点和应用条件

综上所述，平行结转分步法与逐步结转分步法相比较，具有以下优点：

采用这一方法，各步骤可以同时计算产品成本，然后将应计入完工产品成本的份额平行结转汇总计入产成品成本，不必逐步结转半成品成本，从而可以简化和加速成本计算工作。

采用这一方法，一般是按成本项目平行结转汇总各步骤成本中应计入产成品成本的份额，因而能够直接提供按原始成本项目反映的产品成本资料，不必进行成本还原，从而省去了大量繁琐的计算工作。

但是，由于采用这一方法时，各步骤不计算也不结转半成品成本，因而存在以下缺点：

(1) 不能提供各步骤半成品成本资料及各步骤所耗上一步骤半成品费用资料，因而不能全面地反映各步骤生产耗费的水平，不利于各步骤的成本管理。

(2) 由于各步骤间不结转半成品成本，使半成品实物转移与费用结转脱节，因而不能为各步骤在产品的实物管理和资金管理提供资料。

与上述优缺点相联系，平行结转分步法一般只适宜在半成品种类较多，逐步结转半成品成本的工作量较大，管理上又不要求提供各步骤半成品成本资料的情况下采用，而且在采用该种方法时，应该加强各步骤在产品收发结存的数量核算，以便为在产品的实物管理和资金管理提供资料（在产品数量乘以单位定额成本即为在产品资金）。此外，还应加强各步骤废品损失的核算和在产品的清查工作，以便及时发现在产品的报废、短缺和毁损情况，及时地反映在产品加工报废、盘亏和毁损造成的损失，借以弥补这种分步法因在产品成本结转与在产品实物转移相脱节所产生的缺陷。

【本章小结】

产品成本计算的分步法，是按照产品的生产步骤归集生产费用，计算产品成本的一种方法，它主要适用于大量、大批的多步骤生产企业。

分步法的一个重要特点是要在各步骤之间结转成本。根据结转时采用的方法，可将分步法分为逐步结转分步法和平行结转分步法。

采用逐步结转分步法，各步骤所耗用的上一步骤半成品的成本，要随着半成品实物的转移，从上一步骤的产品成本明细账转入下一步骤相同产品的产品成本明细账中，以便逐步计算各步骤的半成品成本和最后步骤的产成品成本。按照结转的半成品成本在下一步的反映方法，它又可分为综合结转和分项结转两种方法。综合结转法的特点是将各步骤所耗用的上一步骤半成品成本，综合记入该步骤的产品成本明细账中。采用综合结转法时，需要成本还原。分项结转法的特点是将各步骤耗用的上一步骤半成品成本，按照成本项目分项转入该步骤产品成本明细账的各个成本项目中。

采用平行结转分步法，各步骤不计算半成品成本，也不结转所耗半成品成本，只计算本步骤所发生的各项生产费用以及这些费用中应计入产成品成本的份额，然后将各步骤应计入同一产成品成本的份额平行结转、汇总，计算出该种产品的产成品成本。如何正确确定各步骤生产费用中应计入产成品成本的份额，即每一生产步骤的生产费用如何正确地在完工产成品和广义在成品之间进行分配，是采用这一方法时能否正确计算产成品成本的关键所在。

【复习思考题】

1. 分步法的特点是什么？它的适用范围是怎样的？有几种具体的分步法？概括地说，这种方法是怎样计算产品成本的？
2. 为什么要采用逐步结转分步法？它的计算程序是怎样的？为什么说逐步结转分步法是品种法的连续应用？
3. 综合结转法分为几种？各是怎样结转半成品成本的？这样做有哪些优点？采用这种方法应具备什么条件？

4. 为什么要进行成本还原？成本还原的对象是什么？通常按照什么标准进行成本还原？具体是怎样计算的？

5. 按半成品的定额成本或计划成本进行成本还原有什么好处？要具备什么条件？

6. 分项结转的计算程序是怎样的？分项结转为什么一般按实际成本进行？采用分项结转法算出的产成品成本，与采用综合结转法并进行成本还原算出的产成品单位成本，为什么合计数相同而成本结构不同？

7. 在平行结转分步法下，各生产步骤进行生产费用纵向分配，其完工产品和月末在产品各有什么特殊含义？采用该方法时，为什么一般采用在产品按定额成本计价法或定额比例法进行生产费用的纵向分配？采用这两种分配方法有什么好处？应该具备什么条件？

9. 平行结转分步法有哪些优点？采用这种分步法应具备什么条件？为了克服这种分步法的缺点，采用时应注意哪些问题？

拓展阅读

目标成本法

一、目标成本法的含义

目标成本法是一种全过程、全方位、全人员的成本管理方法。全过程是指从生产到售后服务的一切活动，包括供应商、制造商、分销商在内的各个环节；全方位是指从生产过程管理到后勤保障、质量控制、企业战略、员工培训、财务监督等企业内部各职能部门各方面的工作以及企业竞争环境的评估、内外部价值链、供应链管理、知识管理等；全人员是指从高层经理人员到中层管理人员、基层服务人员、一线生产员工。目标成本法在作业成本法的基础上考查作业的效率、人员的业绩和产品的成本，弄清楚每一项资源的来龙去脉，每一项作业对整体目标的贡献。相比较而言，传统成本法局限于事后的成本反映，而没有对成本形成的全过程进行监控；作业成本法局限于对现有作业的成本监控，没有将供应链的作业环节与客户的需求紧密结合。而目标成本法则保证供应链成员企业的产品以特定的功能、成本及质量生产，然后以特定的价格销售，并获得令人满意的利润。

目标成本法是由三大环节构成的一个紧密联系的闭环成本管理体系，即：①确定目标，层层分解；②实施目标，监控考绩；③评定目标，奖惩兑现。与传统成本管理方法相比，目标成本法不是局限于供应链企业内部来计算成本。因此，它需要更多的信息，如企业的竞争战略、产品战略以及供应链战略。一旦有了这些信息，企业就可以对产品开发、设计阶段到制造阶段，以及整个供应链物流的各环节进行成本管理。在目标成本法运用的初期，企业首先要通过市场调查来收集信息，了解客户愿意为产品所支付的价格，以及期望的功能、质量，同时还应掌握竞争对手所能提供的产品状况。公司根据市场调查得到的价格，扣除所需要得到的利润以及为继续开发产品所需的研究经费，计算出产品在制造、分销和产品加工处理过程中所允许的最大成本，即目标成本，用公式表示是：

产品目标成本＝售价－利润

一旦建立了目标成本，供应链企业就应用价值工程（VE）等方法，重新设计产品及其制造工艺与分销物流服务体系，想方设法来实现目标成本。一旦供应链企业寻找到在目标成本点满足客户需求的方法，或者企业产品被淘汰，目标成本法的工作流程也就宣告结束。目标成本法将客户需求置于供应链企业制定和实施产品战略的中心地位，将满足和超越在产品品质、功能和价格等方面的客户需求作为实现和保持产品竞争优势的关键。

二、目标成本法的三种形式

供应链成员企业间的合作关系不同，所选择的目标成本法也不一样。一般说来，目标成本法主要有下述三种形式：

（1）基于价格的目标成本法。这种方法最适用于契约型供应链关系，而且供应链客户的需求相对稳定。在这种情况下，供应链企业所提供的产品或服务变化较少，也就很少引入新产品。目标成本法的主要任务就是在获取准确的市场信息的基础上，明确产品的市场接受价格和所能得到的利润，并且为供应链成员的利益分配提供较为合理的方案。

在基于价格的目标成本法的实施过程中，供应链成员企业之间达成利益水平和分配时间的一致是最具成效和最关键的步骤，也就是说应该使所有的供应链成员都获得利益，但利益总和不得超过最大许可的产品成本；达成的价格应能充分保障供应链成员企业的长期利益和可持续发展。

(2) 基于价值的目标成本法。通常，在市场需求变化较快，需要供应链有相当的柔性和灵活性，特别是在交易型供应链关系的情况下，往往采用这种方法。为了满足客户的需要，要求供应链企业向市场提供具有差异性的高价值的产品，这些产品的生命周期也多半不长，这就增大了供应链运作的风险。因此，必须重构供应链，以使其供应链成员企业的核心能力与客户的现实需求完全匹配。有效地实施基于价值的目标成本法，通过对客户需求的快速反应，能够实质性地增强供应链的整体竞争能力。然而，为了实现供应链成员企业冲突的最小化以及减少参与供应链合作的阻力，链上成员企业必须始终保持平等的合作关系。

基于价值的目标成本法以所能实现的价值为导向，进行目标成本管理，即按照供应链上各种作业活动创造价值的比例分摊目标成本，这种按比例分摊的成本成为支付给供应链成员企业的价格。一旦确定了供应链作业活动的价格或成本，就可以运用这种目标成本法来选择以许可成本水平完成供应链作业活动的成员企业，并由最有能力完成作业活动的成员企业构建供应链，共同运作，直到客户需求发生进一步的变化需要重构供应链为止。

许多供应链成员企业发现他们始终处于客户需求不断变化的环境中，更换供应链成员的成本非常高。要使供应链存续与发展，成员企业必须找到满足总在变化的客户需求的方法。在这样的环境条件下，基于价值的目标成本法仍可按照价值比例分摊法在供应链作业活动间分配成本。但是，供应链成员企业必须共同参与重构活动，以保证每个成员的价值贡献正好与许可的目标成本相一致。

(3) 基于作业成本管理的目标成本法。这种方法适用于紧密型或一体化型供应链关系，要求供应链客户的需求是一致的、稳定的和已知的，通过协同安排实现供应链关系的长期稳定。为有效运用这种方法，要求供应链能够控制和减少总成本，并使得成员企业都能由此而获益。因此，供应链成员企业必须尽最大的努力以建立跨企业的供应链作业成本模型，并通过对整体供应链的作业分析，找出其中不增值部分，进而从供应链作业成本模型中扣除不增值作业，以设计联合改善成本管理的作业方案，实现供应链总成本的合理化。

目标成本法的作用在于激发和整合成员企业的努力，以连续提升供应链的成本竞争力。因此，基于作业成本管理的目标成本法实质上是以成本加成定价法的方式运作，供应链成员企业之间的价格由去除浪费后的完成供应链作业活动的成本加市场利润构成。这种定价方法促使供应链成员企业剔除基于自身利益的无效作业活动。诚然，供应链成员企业通过“利益共享”获得的利益必须足以使他们致力于供应链关系的完善与发展，而不为优化局部成本的力量所左右。

第十一章 成本计算分类法

【学习目标】

通过本章学习，了解产品成本计算分类法的含义、特点及其适用范围，掌握分类法的产品成本计算程序和实际运用。

第一节 分类法概述

一、分类法的含义及特点

在一些工业企业中，生产的产品品种、规格繁多，如果按照产品的品种、规格归集费用、计算成本，计算工作就极为繁重。产品成本计算的分类法，就是在产品品种、规格繁多，而且可以按照一定标准分类的情况下，为了简化计算工作而采用的一种成本计算方法。

产品成本计算的分类法又称类别法，是按产品类别归集生产费用，先计算产品的类别成本，然后再采用一定的分配方法，计算确定类内各种产品成本的一种方法。它具有以下特点：

(1) 分类法以产品的类别为成本计算对象，并按产品类别设立产品成本明细账，归集生产费用、计算各类产品的成本。

(2) 按月定期计算产品成本。因企业产品品种、规格繁多，每月都有部分产品完工待售，这就要求定期地按月计算完工产品的成本。所以成本计算期与会计报告期一致，而与产品生产周期不一致。

（3）月终，将产品成本明细账中归集的生产费用在完工产品和在产品之间进行分配，计算出各类别产品的总成本，然后按照受益原则，选择合理的分配标准，进一步计算出各类内各种产品的总成本和单位成本。

二、分类法的计算程序

（1）采用分类法计算产品成本，先要根据产品的结构、所用原材料和工艺过程的不同，将产品划分为不同类别，按照产品的类别设立产品成本明细账，归集产品的生产费用，计算各类产品的成本。

（2）结合企业的生产特点和成本管理的要求，按照品种法的计算程序和方法，计算各类产品的总成本。如编制各种费用分配表（包括各要素费用分配表，辅助生产费用分配表，制造费用分配表等），将直接费用按各类产品列示并据以记入各类产品成本明细账的相关成本项目中，将间接费用按其生产地点归集，然后按一定比例分配记入各类产品成本明细账。月末，汇总各成本明细账上所汇集的全部费用，扣除该类产品月末在产品成本，即为该类完工产品总成本。

（3）选定适当的分配方法，将各类别产品总成本在类内各种产品之间进行分配，计算每类产品内各种产品的总成本和单位成本。

三、分类法的适用范围和注意事项

（一）适用范围

分类法适用于使用同样原材料，通过基本相同的加工工艺过程，所生产的产品品种、规格繁多，且可以按一定标准划分为若干个类别的企业或车间。如食品工业企业各种糖果、饼干、面包的生产；服装针织企业各种服装和针织品的生产；电子元件厂各种元器件的生产等。

分类法对联产品、副产品和等级产品的成本计算尤为适用。联产品是指工业企业在生产过程中，利用同一种原材料，在同一生产过程中生产出两种或两种以上的主要产品，如制糖厂用甘蔗为原料，可以同时生产出白砂糖、赤砂糖等；副产品是指在生产主要产品的过程中附带生产出的非主要产品，如制皂厂附带生产的甘油；等级产品是指不同等级的同种产品，如不同等级的针纺织品。联产品、副产品和等级产品在生产中所用的原料和工艺过程相同，因而最宜于也只能够归为一类，采用分类法计算成本。分类法对于一般的可以分类的产品来说，可以采用，也可以不采用，采用这种方法只是为了简化各种产品成本的计算工作。

综上所述，凡是产品的品种，规格繁多，而且可以按照一定标准划分为若干类别，进行生产费用的归集、分配的企业或车间，均可采用分类法计算成本。

（二）注意事项

采用分类法，必须处理好以下两个关键问题：

1. 产品类别的划分

为了使成本计算既简化又相对正确，必须恰当地划分产品类别。一般应将结构、工艺技术过程和使用原材料基本相同或相接近的产品合并在同一类别内。类别划分过粗，将结构、耗用原材料和工艺过程不同的各种产品归并为一类，势必影响成本计算的正确性；类别划分过细，产品成本计算对象仍然较多，则起不到简化成本计算的作用。

2. 类内产品分配费用的标准选择

同类产品内各种产品之间分配费用的标准，有定额消耗量、定额费用、售价，以及产品的体积、长度和重量等。由于类内各种产品的全部生产费用都需要分配，计算结果建立在某些假定的基础之上。为使分配结果尽可能符合实际，以求相对正确，必须尽量选择与产品成本高低有密切因果关系的分配标准。各成本项目可以采用同一分配标准分配，也可以按照成本项目的性质，分别采用不同的分配标准分配，以使分配结果更加合理。例如直接材料费用可按材料定额费用或材料定额消耗量比例分配，直接人工费用等其他费用可按定额工时比例分配。

为了简化计算类内各种产品成本，也可采用系数法，即将所采用的分配标准折合成固定的系数，然后按系数将类内各项生产费用在各种产品之间进行分配，以计算各种产品成本。其计算分配过程如下：

(1) 确定系数。一般是在同类产品中选择一种产量较大、生产比较稳定或规格折中的产品作为标准产品，把这种产品的分配标准额的系数定为“1”，用其他产品的分配标准额与标准产品的分配标准额相比，求出其他产品的分配标准额与标准产品的分配标准额的比率，即系数。

(2) 将各种产品的实际产量按系数折算为标准产品产量（即总系数）：

$$某产品标准产量=该产品实际产量\times该产品系数$$

$$类内标准产品总量=\sum各产品标准产量$$

(3) 确定费用分配率：

$$某类产品某项费用分配率=\frac{该类产品该项费用总额}{类内标准产品总量}$$

(4) 按各种产品标准产品产量（总系数）的比例分配费用，计算类内各产品的成本：

$$某产品负担的费用=该产品标准产量\times费用分配率$$

第二节　分类法应用

现举例说明分类法的应用：

【例 11－1】　淮河企业采用分类法进行成本计算，该企业 5 月份生产 A 类产品包括 01、02、03 三种规格，其中 02 产品为标准产品，生产费用按类归集，类内各种产品之间费用分配采用系数法。原材料按定额费用折合系数，其他费用按定额工时比例分配。

(1) 产量及定额资料见表 11－1。

表 11－1　　　　原材料费用系数和工时定额表

产品名称	产量（件）	直接材料费用		单位产品
		单位产品原材料费用定额（元）	系数	工时定额（小时）
01	600	306	1.02	35
02	400	300	1	30
03	200	285	0.95	32

(2) 根据 A 类产品月末在产品定额成本资料以及本月发生各种费用分配表，登记 A 产品成本明细账。见表 11－2。

表 11－2　　　　基本生产成本明细账

产品类别：A 类产品　　　　单位：元

月	日	摘　要	直接材料	直接人工	制造费用	合　计
5	31	本月生产费用	161 830	107 065	173 665	442 560
	31	完工产品成本	132 220	98 500	141 840	372 560
	31	在产品成本（定额成本）	29 610	8 565	31 825	70 000

(3) 根据规定，A 类产品的直接材料费用按各种产品的直接材料定额费用确定系数，直接人工和制造费用按各种产品的定额工时比例进行分配，编制 A 类产品成本计算表。见表 11－3。

表 11-3　　A 类产品成本计算表　　单位：元

项目	产量(件)	直接材料费用系数	直接材料费用总系数	工时定额	定额工时	直接材料	直接人工	制造费用	成本	
									总成本	单位成本
	(1)	(2)	(3)=(1)×(2)	(4)	(5)=(1)×(4)	(6)=(3)×110	(7)=(5)×2.5	(8)=(5)×3.6	(9)=(6)+(7)+(8)	(10)=(9)÷(1)
分配率						$\frac{132\ 220}{1\ 202}$=110	$\frac{98\ 500}{39\ 400}$=2.5	$\frac{141\ 840}{39\ 400}$=3.6		
01	600	1.02	612	35	21 000	67 320	52 500	75 600	195 420	325.7
02	400	1	400	30	12 000	44 000	30 000	43 200	117 200	293
03	200	0.95	190	32	6 400	20 900	16 000	23 040	59 940	299.7
合计			1 202		39 400	132 220	98 500	141 840	372 560	

【本章小结】

产品成本计算分类法是以产品类别为成本计算对象，并据以归集生产费用，计算完工产品的总成本，然后采用合理的标准，分配生产费用，计算类内各产品成本的一种方法。分类法适用于使用相同原材料，加工工艺相同，所生产的产品品种、规格繁多，且可以按一定标准划分为若干类别的产品生产，尤其适用于联产品、副产品和等级产品的成本计算。产品的分类和分配标准（或系数）的确定是否适当，是采用分类法时能否做到既简化成本计算工作，又使成本计算相对正确的关键。因此，采用分类法，需要对各种产品进行合理分类，在选择分配标准时，要选择与成本水平高低有密切联系的分配标准分配费用。当产品结构、所用原材料或工艺过程发生较大变动时，应该修订分配系数或考虑另选分配标准，以保证成本计算的正确性。

【复习思考题】

1. 产品成本计算分类法的特点是什么？适用哪种产品生产类型？
2. 简述分类法的基本原理。
3. 什么是系数法？
4. 采用分类法计算产品成本时必须注意哪些问题？

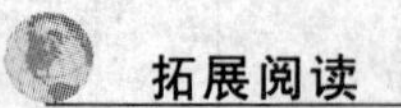

拓展阅读

作业成本法

传统成本计算方法的特征是以产品为中心进行产品成本计算，就成本论成本。但在高新技术环境下，其适应性便成为一个重要的问题。

在高新技术环境下，制造费用的数额和重要性大大提高。制造费用是一种间接费用，必须按一定标准将它分配计入有关的产品，以便合理地计算产品成本。传统成本计算方法通常以直接人工成本、直接人工小时、机器小时等作为制造费用的分配标准。20世纪70年代之后，由于生产过程的高度自动化、电脑化，生产成本中的直接人工成本部分大大减少，而制造费用部分大大增加，其重要性也日益提高。更为重要的是制造费用的发生与直接人工成本渐失相关性。因此，一种以“作业”为基础的成本计算方法——作业成本法应运而生。

作业成本计算法有以下几个主要概念：一是作业，作业是企业组织为了特定目的消耗资源的活动或事项。例如，产品制造过程中的产品设计、设备安装及材料搬运等。作业按受益范围分类，包括产量水平作业，指每生产一个单位执行一次作业，作业成本一般与产品产量或某种属性成比例变动；批次水平作业，指每生产一批产品执行一次的作业，其作业成本一般与产品批别成比例变动；产品水平作业，指为了维持某特定生产线存在而执行的作业，其作业成本与产品种类成比例变动；设施水平作业，指为了维持企业的整体生产能力而执行的作业，其作业成本与企业组织规模、结构有关。二是作业中心，是一系列相互关联、能够实现某种特定功能的作业集合。三是成本动因，是引起成本发生的因素。根据成本动因在资源流动中所处的位置分为资源动因和作业动因。资源动因是分配作业所耗资源的依据。作业动因是将作业成本分配到产品或劳务的标准。例如，当“检验外购材料”被定义为一个作业时，则“检验小时”或“检验次数”就可成为一个作业动因。如果检验外购材料甲所花的时间占总时间的 30%，则“检验外购材料”的作业成本的 30%就应归集到外购材料甲。四是成本库，是指将同一成本动因导致的费用项目归集在一起的成本类别，即相同成本动因的作业成本集。

作业成本计算法的基本原理是依据不同成本动因分别设置成本库，再分别以各种成本对象所耗费的作业量分摊其在该成本库中的作业成本，然后，分别汇总各种成本对象的作业总成本，计算各种成本对象的总成本和单位成本。

作业成本计算法的具体步骤如下：

第一步：确认和计量各种资源耗费，并进行归集，即确认主要作业和作业中心。

第二步：将特定范围内各资源价值进行分解，分配到作业成本库中。首先，确认作业所包含的成本要素（项目）；其次，确立各类资源的资源动因，将资源分配到各受益对象，据此计算出作业中该成本要素的成本额。这一步骤的分配工作，反映了作业成本会计核算的基本规则，作业量的多少决定着资源的耗用量。这种资源消耗量与作业量之间的关系就是“资源动因”，“资源动因”是本步骤分配的基础。

第三步：将各作业成本库的价值分配计入最终产品和劳务成本计算单。该成本计算步骤应遵循的作业成本计算规则是：产出量的多少决定着作业的耗用量。这种作业消耗量与企业产出量之间的关系就是“作业动因”。

作业成本计算与传统成本计算的区别主要体现在制造费用分配上。在传统成本核算制度下，企业发生的间接费用，首先归集到制造费用账户，然后再根据一定标准分配到产品。这隐含着“产品消耗资源的假设”，即假定所有的间接费用或间接成本都与直接人工或机器工作小时或产出物数量线性相关，并以这些项目的数量作为分配标准分配间接费用。采用这种单一的标准进行间接费用的分配，无法正确反映不同产品生产中不同技术因素对费用发生的不同影响。在作业成本核算制度下，首先汇集各作业中心消耗的各种资源，再将各作业中心的成本按各自的作业动因分配到各产品。归根到底，它是采用多种标准分配间接费用，是对不同的作业中心采用不同的作业动因来分配间接费用。因此，从间接费用的分配准确性来说，作业成本法计算的成本信息比较客观、真实、准确。从成本管理的角度讲，作业成本管理把着眼点放在成本发生的前因后果上，以作业为核心，以资源流动为线索，以成本动因为媒介，通过对所有作业活动进行跟踪动态反映，可以更好地发挥决策、计划和控制作用，以促进作业管理的不断提高。

第十二章　成本计算定额法

【学习目标】

通过本章学习，了解定额法的特点、优缺点、适用范围和应用条件，掌握定额法的产品成本计算程序和计算方法，及其与其他成本计算方法的结合应用。

第一节　定额成本制度概述

一、定额法的意义、适用范围和特点

定额法是指在基本成本计算方法的基础上以产品为对象，用现行定额乘以计划单价计算的定额成本，再加、减脱离定额的差异，求解实际成本的一种方法。

定额成本是根据现行消耗定额计算的成本，它是目标成本的一种。采用定额成本能及时了解实际发生的生产费用和产品实际成本脱离定额的差异，并通过对产生差异原因的分析，找出薄弱环节，及时采取措施加以克服，从而有效地发挥成本核算对于加强定额管理和控制生产支出、节约费用、降低成本的作用。

定额法适用于产品品种不多，规格、型号、工艺加工过程比较稳定，定额管理制度比较健全，各项消耗定额正确、稳定，成本核算工作

基础较好的企业。

定额法不是一种独立的成本计算方法，必须与前述品种法、分批法、分步法等基本成本计算方法结合运用。定额法实质上是成本控制方法在成本计算中的体现。其主要特点是：根据投入的实际产量、各项定额资料和计划单价，在发生费用的当时，就能够及时地反映、监督生产费用和产品成本脱离定额成本的差异，以及发生差异的原因；在定额成本的基础上加、减各种差异，能加速产品实际成本的计算；将产品成本的目标管理、计划管理、定额管理、核算工作和分析工作紧密地结合起来，从而克服在采用品种法、分批法、分步法、分类法等成本计算方法下只能事后计算，不能在费用、成本发生的当时就能掌握和利用会计信息，及时控制和防止浪费与损失的发生，以及只能说明过去，不能预测和控制未来等缺陷。

二、定额成本的确定

定额成本根据现行定额和计划单价制订的。制订定额成本所使用的成本项目应与计算产品实际成本的成本项目相同，这样才能相互比较，及时揭示实际成本脱离定额成本的差异。按照制造成本法，应当制定直接材料、直接人工的消耗定额和制造费用的费用定额。这些定额必须是先进可行的，是职工经过努力可以达到的。定额过低，经过努力也难以达到，会挫伤职工的积极性；定额偏高，无需努力轻而易举就可达到，同样达不到调动职工积极性、创造性，挖掘节约潜力，降低产品成本的目的。多项费用定额的计算公式如下：

材料费用定额＝产品材料消耗定额×材料计划单价

人工费用定额＝产品生产工时定额×工资计划单价

其他费用定额＝产品生产工时定额×其他费用计划单价

定额成本包括零部件定额成本和产品定额成本。如果零部件不多，可先制定零部件定额成本，然后再汇总计算和制定产品定额成本，零部件定额成本可以作为在产品和报废零部件的计价依据；如果产品的零部件较多，为了简化计算工作，也可以根据零部件的材料（含燃料、动力等）消耗定额、工时消耗定额，以及材料计划单价、小时计划工资率、小时计划费用率等直接计算和制定产品的定额成本。

定额成本是根据现行定额和计划单价制定的，当生产条件发生重大变化时，应根据需要修订定额。一般在年度内不予修订，如必须修订，应尽可能在月初进行。经修订后产生的新旧定额的差异称为定额变动差异。

由于一般不单独制定废品损失和停工损失定额，因此实际发生的废品损失和停工损失作为超定额的差异处理。

在定额法下，所采用的各种费用分配表和成本明细账（或成本计算单）的格式和内容与其他成本计算方法基本相同，但定额法下的各种账表，对生产费用和产品成本，都应按定额成本和各项差异分别设置专栏反映。

三、定额差异的计算

定额差异是指实际产量按现行消耗定额和计划单价计算的定额成本与实际成本的差额，也称脱离定额的差异。及时、正确地核算和分析定额差异是实行定额法，做到及时反映和控制生产支出，以及正确计算产品成本的重要条件。为此，在发生生产费用时，应将符合定额的费用和脱离定额的差异，分别编制定额凭证和差异凭证，并在有关的费用分配表和明细账中予以登记。为了防止生产费用的超支和浪费，差异凭证填制后，还必须办理审批手续。有条件的企业，还应当将定额差异的日常核算同车间或班组的经济核算（或责任成本核算）结合起来，依靠群众管好生产费用，保证定额成本即目标成本的实现。

1. 材料定额差异的计算

对于直接用于产品生产的原料及主要材料、辅助材料、燃料、自制半成品等，要在发料时就按照投产数量计算出定额费用，并和请领数进行比较，看是否超过按产品批量和消耗定额规定的限额，及时计算定额差异，并用不同凭证予以反映。采用定额法时，对于上述各种原料及主要材料、辅助材料、燃料以及自制半成品等的领用实行限额领料制度，限额范围内的用料及经批准后增加产量而追加的超额用料，均可根据限额领料单领用。超过定额或限额的领料以及代用材料的领用，应填制专设的超额领料单或代用材料领料单等差异凭证领用。在差异凭证上，要注明差异原因，并经一定的审批手续，仓库才能据以发料。

在完成规定的产品批量的情况下，限额领料单规定的材料限额量，就是该批产品的定额消耗量，而限额领料单中的材料余额和退料单所列的材料数额，则都是材料的节约差异。

在连续投料、连续生产，不能分批计算材料定额差异的情况下，则应逐日或定期通过盘存的方法计算差异，即根据完工产品数量和在产品盘存数量，计算出产品投产数量（完工产品数量加期末在产品数量减期初在产品数量）再乘以材料消耗定额求出定额消耗量。然后，根据限额领料单、超额领料单和退料单等凭证以及车间余料盘存资料等计算出材料实际消耗量。将材料的定额消耗量与实际消耗量进行对比，确定材料的定额差异。

对于定额消耗量以及实际消耗量与定额消耗量间的定额差异，都应分批或定期按照成本计算对象进行汇总，编制“材料定额费用和定额差异汇总表”，填明该批或该种产品的材料定额消耗量、定额费用和定额差异，并说明发生定额差异的主要原因。这种汇总表，既可用来汇总反映和分析材料发生定额差异的原因，又可用来代替材料费用分配表，登记产品成本明细账，还可以报送领导或向职工公布，以便根据定额差异发生的原因采取措施，进一步挖掘降低材料费用的潜力。

假设某厂 2004 年 5 月份第一车间甲产品材料定额费用和定额差异等有关资料如表 12－1 所示：

表 12－1　　　　材料定额费用和定额差异汇总表

车间名称：第一车间　　　　2004 年 5 月　　　　完工产量：500 件

产品名称：甲产品　　　　投入产量：500 件　　　　单位：元

材料编号	单位	单耗定额	计划单价	定额费用		定额差异		差异原因分析
				定额消耗量	金额	数量	金额	
101	千克	10	2	5 000	10 000	＋200	＋400	略
103	千克	4	3	2 000	6 000	－120	－360	略
106	千克	10	0.8	5 000	4 000	＋100	＋80	略
合计					20 000		＋120	

各种原料及主要材料、辅助材料、燃料、自制半成品、动力等均可按上述方法计算并填列。本例中，除上表资料外，还发生动力定额费用 1 000元，定额差异超支 100 元。

2. 工资定额差异的计算

工资定额差异的核算，主要是通过核算实际生产工时与定额工时的差异来进行，用以考核工时消耗定额的执行情况，促使企业提高劳动生产率，降低单位产品的工资费用。

在计件工资制度下，可以按产品分别计算，因而可以比照材料定额差异的计算方法，专设工资补付单差异凭证，及时反映和控制生产工人工资的定额差异。工资差异凭证也应填明产生差异的原因，并依据一定的审批手续才能计发工资。

在计时工资制度下，只有在月末实际工资确定以后，才能按照下列公式核算工资定额差异：

$$\text{单位小时定额工资}=\frac{\text{某车间计划产量的定额工资总额}}{\text{该车间计划产量的定额生产工时总额}}$$

$$\text{单位小时实际工资}=\frac{\text{某车间实际生产工人工资总额}}{\text{该车间实际生产工时总额}}$$

$$\text{某产品（或零部件）的定额生产工人工资}=\text{该产品（或零部件）实际产量的定额生产工时}\times\text{单位小时定额工资}$$

$$\text{某产品（或零部件）的实际生产工人工资}=\text{该产品（或零部件）实际产量的实际生产工时}\times\text{单位小时实际工资}$$

$$\text{某产品生产工资的定额差异}=\text{该产品实际工资}-\text{该产品定额工资}$$

【例12-1】 某厂第一车间封闭式生产甲产品一种产品，计划产量500件，每件定额40工时，共20 000个定额工时，该车间计划产量的定额工资总额为10 000元，实际产量亦为500件，实际生产工时总额为19 000工时，实际生产工人工资总额为10 640元。将以上数据套入上述公式，即可求得：

$$\text{单位小时定额工资}=\frac{10\,000}{20\,000}=0.50\text{（元）}$$

$$\text{单位小时实际工资}=\frac{10\,640}{19\,000}=0.56\text{（元）}$$

$$\text{某产品（或零部件）的定额生产工人工资}=20\,000\times0.50=10\,000\text{（元）}$$

$$\text{某产品（或零部件）的实际生产工人工资}=19\,000\times0.56=10\,640\text{（元）}$$

$$\text{某产品生产工资的定额差异}=10\,640-10\,000=+640\text{（元）}$$

按照上述方法核算工资定额差异，只有在月末进行，不能及时反映工资定额差异的发生情况。因此，必须一方面加强工资总额的控制，使其不超过计划；另一方面加强产品定额工时与实际工时的定额差异的核算，分析发生工时差异的原因，监督工时定额的执行，促使企业不断地降低产品的工时消耗。为了能及时核算工资定额差异，在有条件的企业，也可在平时先按单位小时定额工资计算由于实际工时与定额工时的差异产生的定额工资差异，计算公式是：（实际工时－定额工时）×计划单价。如第一车间某月 6 日至 10 日生产甲产品 100 件，定额总工时 4 000个，实际工时 4 200 个，单位小时工资率（计划单价）0.50 元。则其定额差异为：

(4 200－4 000)×0.50＝＋100（元）

根据计算说明第一车间某月 6 日至 10 日实际工时超过定额工时 200 个，实际工资超过定额工资的差异为 100 元，应及时采取措施加以扭转。

月末，应根据实际工资总额计算单位小时实际工资，并与单位小时定额工资进行比较，计算由于工资单价差异所产生的工资定额差异，以及将实际工时与定额工时进行比较，计算由于工时差异引起的工资定额差异，两者之和即为工资脱离定额差异总额。其计算公式如下：

工资单价差异引起的工资差异＝(实际工资单价－计划工资单价)×实际工时

工时差异引起的工资差异＝(实际工时－定额工时)×计划工资单价

工资脱离定额差异＝工资单价差异引起的工资差异＋工时差异引起的工资差异

仍依前例资料计算如下：

工资单价差异引起的工资差异＝(0.56－0.50)×19 000＝＋1 140(元)

工时差异引起的工资差异＝(19 000－20 000)×0.50＝－500(元)

工资脱离定额差异＝＋1 140＋(－500)＝＋640(元)

根据需要，应按车间和成本计算对象编制“工资定额和定额差异汇总表”，用以分析和考核各车间、各种产品的定额工资和定额差异的发生情况，并据以登记产品成本明细账，计算工资的实际成本。根据前例数据资料编制“工资定额和定额差异汇总表”，如表 12－2 所示：

表 12-2　　工资定额和定额差异汇总表

2004 年 5 月　　单位：元

产品名称	定额工时	实际工时	工时差异	计划单价	实际单价	工资单价差异	定额工资	实际工资	工时差异引起的工资差异	工资单价差异引起的工资差异	工资脱离定额差异
甲	20 000	19 000	−1 000	0.50	0.56	+0.06	10 000	10 640	−500	+1 140	+640
合计	略	略	略	略	略	略	略	略	略	略	略

3. 制造费用定额差异的计算

制造费用包括车间（分厂）为组织和管理生产所发生的各项费用。制造费用按其与产品产量的关系又可分为变动制造费用和固定制造费用，可以分别制订变动制造费用小时费用率、固定制造费用小时费用率，也可以综合制订一个制造费用小时费用率（亦称小时费用单价）。制造费用应分别按车间（分厂）汇集，由于月末才能分配计入产品成本，因而不能在日常核算中按照产品核算定额，核算差异。为了有效地控制制造费用的支出，应定期按部门、车间、班组编制费用计划，根据费用计划控制支出，及时监督费用的定额差异。在实行车间、班组经济核算（或责任成本核算）的企业，应尽可能将费用指标分解落实到责任单位或责任人，以便更加有效地控制和节约费用支出。

各种产品的制造费用按定额生产工时和实际生产工时计算的费用定额差异，与前述计时工资一样，在月末根据投入某产品的定额工时和单位小时定额费用与分配计入该产品成本的实际费用进行比较后确定。

在实际工作中，应按车间、成本计算对象分别编制“费用定额和定额差异汇总表”进行费用定额和定额差异的计算和分配。设第一车间实际发生制造费用 7 220 元，制造费用计划小时费用率（计划费用单价）

为0.40元。结合前例甲产品定额工时、实际工时等有关资料，编制“费用定额和定额差异汇总表”，如表12－3所示：

表12－3　　费用定额和定额差异汇总表

2004年5月　　单位：元

产品名称	定额工时	实际工时	工时差异	计划费用单价	实际费用单价	费用单价差异	定额费用	实际费用	工时差异引起的费用差异	费用单价差异引起的费用差异	费用脱离定额差异
甲	20 000	19 000	－1 000	0.40	0.38	－0.02	8 000	7 220	－400	－380	－780
合计	略	略	略	略	略	略	略	略	略	略	略

4. 材料成本差异的计算

在采用定额法时，为了有利于分析和考核材料消耗定额的执行情况，日常材料的核算都是按计划成本进行的。因此，材料费用，包括材料定额及其定额差异，平时也是按材料计划单位成本进行计算的。每月末计算产品成本时，应根据材料成本差异分配率，按下列公式计算材料成本差异：

$$\text{产品应承担的材料成本差异}=(\text{产品材料定额费用}\pm\text{材料定额差异})\times\text{材料成本差异分配率}$$

承前例，设该厂2004年5月份的材料成本差异分配率为－2%，则：

甲产品应承担的材料成本差异＝(20 000＋120)×(－2%)

＝－402.4（元）

四、定额变动的确定

各项消耗定额随着技术的革新应不断降低，产品定额成本也应相应修订。定额变动差异就是旧定额与新定额之间的差异。新的消耗定额与定额成本一般是在月初实行，月初修订定额时，应将月初按旧定额计算的定额成本按新定额进行调整，算出月初在产品的定额变动差异。

【例 12－2】 设该厂甲产品 5 月初在产品 100 件，原 101 号材料单耗定额为 11 千克，现调整为 10 千克，每千克计划单价为 2 元。甲产品耗用的其他材料单位消耗定额不变。则：

月初在产品材料定额成本调整＝(100×10×2)－(100×11×2)

＝－200（元）

月初在产品材料定额变动差异＝＋200（元）

根据上述计算结果，甲产品 5 月初在产品材料定额变动差异为降低 200 元。一方面应将此项差异从月初按旧定额计算的在产品定额成本中扣除；另一方面，应将此项差异计入本月产品成本。如果某产品新的消耗定额调高，则调高的差异一方面应加入月初按旧定额计算的在产品成本；另一方面应从本月产品成本中扣除。设因调增职工工资，使月初在产品工资定额变动差异调高 400 元，则一方面应将此项差异增加计入月初在产品定额，另一方面又应从本月产品成本中扣除。这样，无论是调高或调低，都不影响月初和本月生产费用总额的增减变化。其目的是为了使月初在产品的定额成本和本月投入定额成本在新定额的基础上统一起来，以便在定额一致的基础上计算定额成本和定额差异，并有利于分析、考查消耗定额的执行情况和产品实际成本的升降原因。

调整月初在产品定额变动差异，可以根据新、旧消耗定额和在产品盘存资料具体计算，如前例材料消耗定额变动差异的计算。在零部件成套生产的情况下，也可以按系数折算的方法计算：

$$\text{定额变动系数}=\frac{\text{按新定额计算的单位产品费用}}{\text{按旧定额计算的单位产品费用}}$$

$$\text{月初在产品定额变动差异}=\text{按旧定额计算的月初在产品费用}\times(1-\text{定额变动系数})$$

按系数折算的方法计算前例中月初材料定额变动差异：

定额变动系数＝(100×10×2)÷(100×11×2)

＝0.909 09

月初在产品材料定额变动差异＝(100×11×2)×(1－0.90 909)

＝＋200（元）

第二节　成本计算定额法

一、产品实际成本的计算

根据定额成本法的计算原理，产品的实际成本应按下列公式计算：

$$\text{产品实际成本}=\text{按现行定额计算的产品定额成本}\pm\text{脱离现行定额差异}\pm\text{原材料或半成品成本差异}\pm\text{月初在产品定额变动差异}$$

上面所列产品实际成本计算公式中的产品，包括完工产品和月末在产品。因此，某种产品如果既有完工产品又有月末在产品，也应与一般成本计算方法一样，在完工产品与月末在产品之间分配费用。但是，在定额法下，成本的日常核算是将定额成本与各种脱离定额差异分别核算的，因而完工产品与月末在产品的费用分配，应按定额成本和各种脱离定额差异分别进行：先计算完工产品和月末在产品的定额成本，然后分配计算完工产品和月末在产品的各种脱离定额差异。此外，由于有现成的定额成本资料，各种脱离定额差异应采用定额比例法或在产品按定额成本计价法分配。前者将各种脱离差异在完工产品和月末在产品之间按定额成本比例分配；后者将各种脱离定额差异归由完工产品负担。在分配时，应按每种脱离定额差异分别进行。差异金额不大，或者差异金额虽大但各月在产品数量变动不大的，可以归由完工产品成本负担；差异金额较大而且各月在产品数量变动也较大的，应在完工产品和月末在产品之间按定额成本比例分配。如果产品生产的周期小于一个月，定额变动的月初在产品在月内全部完工，那么即使月初在产品定额变动差异金额较大而且各月在产品数量变动也较大，也可以将其归由完工产品成本负担。根据完工产品的定额成本，加减应负担的各种脱离定额差异，即可计算完工产品的实际成本；根据月末在产品的定额成本，加减应负担的各种脱离定额差异，即为月末在产品的实际成本。

二、成本计算定额法举例

【例 12－3】 某厂第一车间生产的甲、乙两种产品中，甲产品月初在产品 100 件，本月投产 500 件，完工 500 件，月末在产品 100 件。乙产品没有完工产品，月末，已在品种法的基础上分配甲、乙两种产品生产费用，并按照定额法计算产品成本。各种差异除定额差异在完工产品和在产品之间进行分配外，其余均由完工产品负担。为了简化核算，仅以甲产品为例，其成本计算如表 12－4 所示：

表 12－4 基本生产成本明细账

车间：第一车间　　2004 年 5 月　　完工数量：500 件

产品：甲产品　　在产品数量：100 件

成本项目		直接材料	直接人工	制造费用	合 计
月初在产品	定额成本	4 200	2 000	1 600	7 800
月初在产品	定额差异	＋40	＋80	－200	－80
月初在产品定额变动	定额成本调整	－200	＋400		＋200
月初在产品定额变动	定额变动差异	＋200	－400		－200
本月生产费用	定额成本	21 000	10 000	8 000	39 000
本月生产费用	定额差异	＋220	＋640	－780	＋80
本月生产费用	材料成本差异	－402.4			－402.4
生产费用合计	定额成本	25 000	12 400	9 600	47 000
生产费用合计	定额差异	＋260	＋720	－980	0
生产费用合计	材料成本差异	－402.4			－402.4
生产费用合计	定额变动差异	＋200	－400		－200
废品定额成本					
差异分配率		＋0.010 4	＋0.058 06	＋0.102 1	

（续表）

成本项目		直接材料	直接人工	制造费用	合　计
产成品	定额成本	21 000	10 000	8 000	39 000
	定额差异	+218.4	+580.6	−816.8	−17.8
	材料成本差异	−402.4			−402.4
	定额变动差异	+200	−400		−200
	实际成本	21 016	10 180.6	7 183.2	38 379.8
月　末在产品	定额成本	4 000	2 400	1 600	8 000
	定额差异	+41.6	+139.4	−163.2	+17.8

【本章小结】

定额法是一种为了加强成本管理，进行成本控制采用的一种成本计算与成本控制相结合的方法。本章详细介绍了定额法的意义、特点、适用范围以及计算程序，以期读者能较好地掌握定额法的核算方法以及正确地理解定额法的意义和特点。

采用定额法的意义在于加强成本管理，这种方法适用于定额管理工作基础较好，产品生产已经定型，消耗定额比较正确、稳定的企业。定额法的核算程序主要包括定额成本的制定、脱离定额差异的计算与分配及计算产品的实际成本等步骤。

【复习思考题】

1. 定额法的特点是什么？它与品种法、分批法、分步法和分类法这些方法有什么区别？
2. 为什么要核算脱离定额差异？为什么说及时、正确地核算和分析生产费用脱离定额的差异，控制生产费用支出，是定额法的重要内容？
3. 怎样编制原材料脱离定额差异汇总表？它的作用是什么？表中所列脱离差异是按原材料的计划单价（计划单位成本）反映的

还是按实际单价（实际单位成本）反映的？是否包括材料的价格（成本）差异？

4. 怎样进行生产工时和生产工资脱离定额差异的核算？在计件工资形式下怎样核算？在计时工资形式下怎样核算？
5. 怎样进行制造费用脱离定额差异的核算？为了控制间接计入费用不超过定额，应该从哪些方面进行日常控制？
6. 采用定额法，对于耗用的原材料为什么必须按计划成本进行日常核算？在定额法下，分配材料成本差异的计算公式有什么特点？在多步骤生产中采用定额法时，如果逐步综合结转半成品成本，为什么应该按计划成本结转？
7. 为什么要核算定额变动差异？应该怎样核算这种差异？怎样采用系数折算的方法计算月初在产品的定额变动差异？采用这种方法应具备什么条件？
8. 在定额法下，应该怎样进行完工产品与月末在产品之间的费用分配？应该采用什么方法进行分配？为什么？这一方面费用分配与其他成本计算方法相比，有什么特点？

拓展阅读

标准成本法

一、标准成本的含义

标准成本是早期管理会计的主要支柱之一。美国工业在南北战争以后有很大的发展，许多工厂发展成为生产多种产品的大企业。但是由于企业管理落后，劳动生产率较低，许多工厂的产量大大低于额定生产能力。为了改进管理，一些工程技术人员和管理者进行了各种试验，他们努力把科学技术的最新成就应用于生产管理，大大提高了劳动生产率，并因此而形成了一套科学管理制度。

为了提高工人的劳动生产率，他们首先改革了工资制度和成本计算方法，以预先设定的科学标准为基础，发展奖励计件工资制度，采用标准人工成本的概念。在此之后，又把标准人工成本概念引申为标准材料成本和标准制造费用等。最初的标准成本是独立于会计系统之外的一种计算工作。1919 年美国全国成本会计师协会成立，对推广标准成本曾起了很大的作用。1920 年～1930 年，美国会计学界经过长期争论，才把标准成本纳入了会计系统，从此出现了真正的标准成本会计制度。

标准成本的主要作用是衡量工作效率和控制成本，同时，也用于存货和销售成本的计价。

“标准成本”一词准确地讲有两种含义：一种是指“单位产品的标准成本”，它是根据产品的标准消耗量和标准单价计算出来的，即：单位产品标准成本＝单位产品标准消耗量×标准单价。它又被称为“成本标准”。另一种含义是指“实际产量的标准成本”，它是根据实际产品产量和成本标准计算出来的，即：标准成本＝实际产量×单位产品标准成本。

目标成本是一种预计成本，是指产品、劳务、工程项目等在生产经营活动前，根据预定的目标所预先制定的成本。这种预计成本与目标管理的方法结合起来，就称为目标成本。目标成本一般指单位成本而言，它一般有计划成本、定额成本、标准成本和估计成本等，而标准成本相对来讲是一种较科学的目标成本。

计划成本是根据计划消耗定额计算的，表示计划期预定成本；定额成本是根据目前使用的定额计算的。企业应通过各项措施，有步骤地降低现行定额，以求达到计划中所规定的成本水平。

目标成本管理是目标管理的重要组成部分，而制定目标成本是实行目标成本管理必不可少的基础。推行目标成本管理可以促使企业加强成本管理，推动全体职工人人关心成本，形成民主管理，从而能够更好地贯彻经济责任制，进一步降低成本。

二、标准成本的用途

1. 作为成本控制的依据

成本控制的标准有两类：一类是以历史上曾经达到的水平为依据；另一类是以应该发生的成本为依据，如各种标准成本。

2. 代替实际成本作为存货计价的依据

由于标准成本中已去除了各种不合理因素，以它为依据，进行材料、在产品和产成品的计价，可使存货计价建立在更加健全的基础上。而以实际成本计价，往往同样实物形态的存货有不同的计价标准，不能反映其真实的价值。

3. 作为经营决策的成本信息

由于标准成本代表了成本要素的合理近似值，因而可以作为定价依据，并可作为本量利分析的原始数据资料，以及估算产品未来成本的依据。

4. 作为登记账簿的计价标准

使用标准成本来记录材料、在产品和销售账户，可以简化日常的账务处理和报表的编制工作。在标准成本系统中，上述账户按标准成本入账，使账务处理及时、简单，减少了许多费用的分配计算。

三、标准成本系统

1. 标准成本系统概述

标准成本系统是为克服实际成本计算系统的缺陷，尤其是不能提供有助于成本控制的确切信息的缺点而研究出来的一种成本计算系统。

根据标准成本的主要用途，标准成本系统又可以分为标准成本控制系统和标准成本会计核算系统。

2. 标准成本控制系统

标准成本控制，主要是运用成本会计方法，对企业经营活动进行规划和管理，将标准成本与实际成本比较，以衡量业绩，并按照例外管理的原则，注意对不利差异的纠正，以提高工资效率，不断降低成本。

标准成本控制制度包括事先、事中和事后三个阶段。

3. 标准成本会计核算系统

把标准成本归入会计体系，不仅能提高成本计算的质量和效率，使标准成本发挥更大的功效，而且可以简化记账手续。

综上所述，标准成本法在成本控制和管理方面，不愧是一种科学可行的方法。为此，希望各企业大力推行标准成本法，努力实现企业的最大经济效益。

第十三章　成本报表的编制和分析

【学习目标】

通过本章学习，了解成本报表的特点、作用、种类和编制要求，掌握产品生产成本表、主要产品单位成本表和各种费用明细表的结构、编制及分析方法。

第一节　成本报表概述

一、成本报表及其作用

（一）成本报表的含义

会计报表是利用日常会计核算资料，总括反映企业在一定时期内财务状况和经营业绩的报告文件。按其使用对象划分，可以分为对外会计报表和对内会计报表两大类。对外会计报表主要有资产负债表、利润表和现金流量表等，即通常所说的财务报表；对内会计报表主要有成本报表、费用报表和消耗报表等。

成本报表是指企业根据成本核算资料以及其他有关资料编制，用以反映企业资金耗费和产品成本构成及其升降变动，以及各项费用支出情况的一种会计报表。按照惯例，成本报表不对外报送与公开，只作为向企业经营管理者提供成本费用信息及进行成本费用分析的一种内部报表。编制成本报表是成本会计工作的一项重要内容，对于加强企业内部经营管理和改善企业外部经济环境具有重要作用。

（二）成本报表的作用

1. 反映产品成本构成及其升降变动情况，用以考核产品成本计划的完成情况

产品成本是反映企业生产经营管理的一项重要综合性指标。企业生产经营管理活动的状况，譬如各种材料、燃料和动力的消耗，设备利用的好坏，劳动生产率的高低，产品产量的增减，产品质量的优劣，资金周转的快慢，管理工作的效率等最终都会直接或间接地在产品成本中综合地体现出来。通过成本报表所反映的各项产品成本指标，可以及时了解和发现企业在生产经营管理方面取得的成绩和存在的问题，分析和考核产品成本计划的完成情况，不断总结经验教训，提高企业生产经营管理水平和经济效益。

2. 反映费用支出情况，用以检查费用预算执行情况

企业在生产经营管理过程中发生的各种耗费，除能够计入产品成本的以外，其余部分主要计入期间费用，由当期损益直接负担。由于期间费用支出项目繁多，涉及面广，所以企业一般是通过编制费用预算来控制其支出数。通过成本报表所反映的各项费用实际支出数，可以将其与本年预算数对比，借以考核费用预算的执行情况，从而加强经营管理，控制费用开支。

3. 编制和分析成本报表，用以加强成本管理

成本管理的内容从广义上看主要包括：成本预测、成本决策、成本计划、成本核算、成本分析、成本控制和成本考核。其中，成本核算既是成本管理的基础工作，又是成本管理的依据。由于成本报表是成本核算最终结果的书面表现形式，所以，它理所当然成为加强成本管理必不可少的重要依据。通过编制和分析成本报表，可以为企业进行成本预测

决策、编制成本计划、实施成本控制提供依据，借以严格成本考核，加强成本管理，不断挖掘潜力，降低成本。

二、成本报表的特点

成本报表是一种用于内部经营管理的会计报表，与财务会计报表中的资产负债表、利润表和现金流量表等对外会计报表相比，有以下特点：

（一）灵活性

成本报表是为企业内部经营管理的需要而编制的。报表的种类、格式、指标和内容的设计，编制时间、编制方法、报送的对象和时间，可以由企业自行确定，同时，随着生产条件的变化和管理要求的提高，企业可以随时对成本报表及其编制进行修改和调整。因此，成本报表的编制具有较大灵活性。

（二）多样性

成本报表是以企业特定的生产环境为背景，结合企业的生产类型和管理要求而设计的。不同企业的生产类型和管理要求不同，不同企业需要获取成本信息的侧重点也不同，这就决定了不同企业对成本报表的种类、格式、指标项目和内容以及指标计算口径的设计必然有所不同。因此，成本报表的设计呈现出多样性。

（三）综合性

成本报表提供的信息，即成本指标，它是反映企业生产、技术、经营和管理工作水平的综合性指标。具体来说，企业产品产量的多少，产品质量的高低，原材料、燃料和动力的节约与浪费，工人劳动生产率和平均工资的高低，固定资产的利用程度，废品率的变动，制造费用和期间费用的节约与浪费，以及生产经营管理工作的好坏等等，都会或多或少、直接或间接地反映到费用和成本指标上来。因此，成本报表提供的信息具有综合性。

三、成本报表的种类

由于成本报表主要属于企业的内部报表，一般不对外公开，编制的目的又是服务于企业内部生产经营管理，所以，其报表格式、填制项目、编报时间和报送对象都是由企业根据生产经营过程的特点和企业管理的具体要求来确定的。这样，不同的企业，成本报表的内容可能不尽相同，就是在同一企业，不同时期，也可能编制不同的成本报表。尽管如此，我们仍可将成本报表按不同的标志进行分类，以便加强对企业成本的日常管理。

（一）按报表反映的内容分类

成本报表按其反映的内容划分，可分为反映成本计划执行情况的报表、反映费用支出情况的报表和反映生产耗费情况的报表。

1. 反映成本计划执行情况的报表

这类报表主要揭示企业为生产一定种类和数量的产品所发生的成本是否达到了预定的要求。在报表中，我们可以将报告期实际成本水平与计划成本水平、历史成本水平以及同行业平均（或先进）成本水平进行比较，以反映企业成本管理工作的成效，并为进行成本分析和控制、降低成本或消耗提供资料。这类报表可以设置产品生产成本表、主要产品单位成本表等。

2. 反映费用支出情况的报表

这类报表重点反映企业在一定时期内为组织和管理生产经营所发生的费用支出总额及其明细金额。在报表中，我们可将报告期实际费用与预算数、前期数进行比较，以分析费用支出的合理程度和变化趋势，考核各项费用支出预算的执行情况。这类报表可以设置制造费用明细表、管理费用明细表、财务费用明细表和营业费用明细表等。

3. 反映生产耗费情况的报表

这类报表主要反映生产中影响产品生产成本的某些特定的重要的问题。这类报表我们可根据实际需要灵活设置，譬如，生产报表、消耗报表、材料价格差异分析表等。

（二）按编制的时间分类

成本报表按其编制时间不同，可分为定期成本报表和不定期成本报表。

1. 定期成本报表

这类报表是指按规定期限编报、反映企业有关成本情况的报表。按报送期限长短不同，可分为年报、季报、月报、旬报、周报、日报等形式。定期成本报表一般按季、年来编制，为及时反馈某些重要的成本信息，以便管理部门采取相应对策，也可以按旬、周、日乃至按工作班编制。产品生产成本表、主要产品单位成本表、制造费用明细表都是定期成本报表。

2. 不定期成本报表

这类报表是针对成本管理中出现的某些问题或急需解决的问题而随时按要求编制的有关成本报表，如发生异常的成本差异，及时将信息反馈给有关部门而编制的成本费用报表。

（三）按报表编制的范围分类

成本报表按其编制的范围划分，有全厂成本报表、车间成本报表和班组（或个人）成本报表等。这类成本报表的格式和项目，编制时间和报送部门都可根据企业的生产经营组织系统和内部管理的需要自行设计和确定。

四、成本报表的编制依据和要求

（一）成本报表的编制依据

企业编制成本报表的主要依据有：一是会计核算资料，主要包括本期成本核算资料、本期成本计划、本期费用预算以及以前年度的成本报表等资料；二是统计核算资料，如产品产量、产品品种、产品质量以及劳动生产率等；三是业务核算资料，如材料消耗、设备利用率等；四是其他资料，如行业、同类企业成本费用资料。

（二）成本报表的编制要求

企业成本报表属于一种对内会计报表。其在编制时，除应遵循会计报表的一般编制要求外，还应结合企业生产类型和管理要求执行一些特殊编制要求，使成本报表能够在企业生产经营管理活动中发挥应有的作用。

1. 考虑报表的专题性

虽然有些成本报表反映的是企业成本的全貌，但作为企业内部管理的报表，专题性是其应考虑的主要内容。专题性是指成本报表的设计必须满足成本管理对某一方面的需要，重点反映成本管理的关键问题。对成本形成有重大影响和费用发生集中的部门，应单独编制有关成本报表，以提供充分的成本信息，使成本报表的编制取得理想效果。例如：产品生产成本表一般按产品种类反映，但也可根据成本管理的需要，按成本项目反映。而为了突出反映和考核主要生产部门，也可以设置生产部门的产品成本表。

2. 注意报表格式的针对性

成本报表格式的设计，要有针对性，要做到简明扼要，避免格式繁杂，计算繁琐。

3. 达到报表指标内容的实用性

成本报表的编制应结合具体业务的特点及存在的问题，突出重点成本报表的指标设计，使其能够满足企业内部成本管理的需要。

4. 做到编报及时

成本报表虽然是企业内部经营管理的报表，不受外部报表规定的限制，但为了反映成本计划和预算的执行情况，也要定期按月、季、年编制，以便为企业编制成本计划提供必要的成本信息。在日常核算过程中，为了及时将成本信息反馈给有关部门，以便于及时了解生产成本变化情况和发展趋势，并采取相应的措施，加强控制，降低成本，还需要编制以旬报、周报、日报甚至班报为形式的不定期成本报表，以满足企业及时对生产经营进行全面管理和控制的需要。

第二节　成本报表分析概述

一、成本报表分析的意义和任务

（一）成本报表分析的意义

成本报表是会计报表的重要组成部分，是企业根据成本核算等资料编制的，反映当期成本计划完成情况的报表。它既是考核成本计划完成情况的依据，又是进行成本分析的基础资料。因此，根据成本报表进行成本分析是企业加强成本管理的重要环节。

成本报表分析是根据成本报表和成本计划及其他有关资料，运用一系列专门方法，揭示企业成本计划完成情况和费用预算执行情况，查明影响成本计划完成和费用预算执行的原因和因素，计算各种因素变化的影响程度，以降低成本、节约费用、提高经济效益的一种管理活动。

成本分析是成本核算工作的继续和延伸，它贯穿于企业成本管理工作的全过程。它包括事前分析、事中分析和事后分析。成本报表分析则属于事后分析。通过对成本报表的分析，可以做到以下几点：

1. 查明成本计划和费用预算的完成情况

通过分析可以查明成本计划和费用预算的完成情况，分析并确定影响成本计划和费用预算完成的各种因素及其影响程度和影响方向，以评价结果，肯定成绩，找出不足。

2. 挖掘企业内部潜力，降低成本

通过分析可以正确认识和掌握成本变动和费用支出的规律性，不断挖掘企业内部潜力，降低产品成本，节约费用开支，促进企业加强生产经营管理和成本管理，增加利润，提高经济效益。

3. 加强和巩固经济责任制

通过分析可以明确企业内部各个部门和单位以及责任者在成本管理方面的责任，有利于评价和考核成本管理工作的业绩，落实成本管理责任制，加强和巩固企业经济责任制。

（二）成本报表分析的任务

成本报表分析的主要任务是：按照市场经济规律的要求，揭示实际成本脱离计划成本的差异，分析影响成本变动的各种因素，寻求降低成本的途径，预测和控制成本，挖掘潜力，提高效益。

二、成本报表分析的方法

在成本报表的分析中，可以采用的方法主要有比较分析法、比率分析法和因素分析法等。具体采用哪一种方法，企业应根据自身特点、分析的要求和掌握的情况来选择运用。

（一）比较分析法

比较分析法也称指标对比分析法，是指通过指标对比，从数量上确定差异以揭示企业财务状况和评价企业经营业绩的一种分析方法。它也是成本报表分析中最常用、最简便的一种分析方法。应用比较分析法进行分析，通常是成本报表分析的第一步。通过比较找出差异所在和差异的程度，然后再应用因素分析法，对有差异的重点项目作进一步的分析。

在实际工作中，比较分析的形式较多，其中主要包括：

（1）本期实际指标与前期（上期、上年同期或历史最高水平）实际指标的对比。这是不同时期的同质指标的对比。通过这种对比，可以了解企业财务状况及财务成果的发展及其变动趋势，观察企业生产经营管理工作的情况，有助于吸取经验教训，合理评价现状。本期实际指标同前期实际指标对比，有差额比较和程度比较两种方式，通常按照下列公式进行比较：

$$\text{本期实际指标比前期实际指标的增减数额}=\text{本期实际指标数}-\text{前期实际指标数}$$

$$\text{本期实际指标为前期实际指标的百分比}=\text{本期实际指标数}/\text{前期实际指标数}\times100\%$$

（2）实际指标与计划（预算）指标的对比。这是企业一定时期的实际指标与同期计划指标的对比。通过这种对比，可以揭示脱离计划的偏差，了解计划完成或执行的程度，为进一步深入分析指明方向。

实际指标同计划指标对比，也可采用差额比较和程度比较两种方式。通常按照下列公式进行比较：

$$\text{实际指标比计划指标的增减数额}=\text{实际指标数}-\text{计划指标数}$$

$$\text{计划完成（或执行）百分比}=\text{实际指标数}/\text{计划指标数}\times100\%$$

（3）本企业实际指标与国内外同行业先进指标的对比。这是同质指标在不同条件下的对比。通过这种对比，可以看到本企业与国内外同类企业，特别是与国内外先进企业的差距，有助于发现薄弱环节，推动企业挖掘潜力，改善经营管理。本企业实际指标与国内外同行业先进指标的对比方式也有差额比较和程度比较两种，其计算公式不再赘述。

比较分析法只适用于同质指标的数量对比。对成本报表分析来说，它要求相互比较的经济指标内涵一致，计算口径一致，计价基础一致，计量单位一致，时间长短一致。因此，应用此法要注意对比指标的可比性。

（二）比率分析法

比率分析法是指通过计算和对比经济指标的比率来进行数量分析，评价企业财务状况和经营业绩的一种分析方法。采用这一方法，是把分析对比的数值，先变成相对数，求出比率，然后再进行观察比较。

根据分析的不同内容和不同要求，比率分析法主要有以下几种：

(1) 相关指标比率分析。它是将两个性质不同但又相关的指标加以对比，求出比率，然后再采用比较分析法进行对比分析，以便从经济活动的客观联系中，更深入地认识企业的生产经济情况。例如，将成本指标同销售收入、利润额等指标对比，求出销售成本率和成本利润率，从而就可以从不同角度观察比较生产耗费水平。

(2) 动态比率分析。也称趋势比率分析，它是将不同时期同类指标的数值进行对比，求出比率，然后进行动态比较，分析该项目指标的增减速度和变动趋势，据以从其变化中发现企业在生产经营方面的成绩或不足。趋势比率按其计算方法不同，可分为定基趋势比率、环比趋势比率和平均趋势比率。计算时要注意基期选择、期数的确定，以及偶然事件对数据的影响。

(3) 构成比率分析。也称同比分析或结构分析，它是指先计算某项经济指标的各个组成部分占总体的比重，然后进行对比分析，借以观察构成内容及其变化的一种分析方法。例如计算产品成本的各个成本项目在产品总成本中所占比率并进行比较，以观察产品成本构成的变动，掌握经济活动情况及其对产品成本的影响，明确进一步降低产品成本的重点。

相关比率分析、动态比率分析、构成比率分析等比率分析法，实际上都是比较分析法的表现形式。它们在计算出有关比率之后，都要采用一定的标准进行比较。这些标准有：①绝对标准，即人们公认的标准。②历史标准，即以本企业前期水平为标准。③行业标准，即以本行业同期平均水平为标准。④计划标准，即以本企业同期计划水平为标准。⑤政策标准，即以国家所规定的水平为标准。比率分析法计算简便，而且对其计算结果的比较也容易判断。它可以使某些指标在不同规模的企业之间进行比较，也可以在一定程度上超越行业间的差别进行比较。

（三）因素分析法

因素分析法，是把某一项综合性指标分解为若干个相互联系的因素，按顺序分别计算和分析因素影响程度的一种分析方法。

因素分析法的要点如下：①确定某项综合性指标由哪几个因素组成，以及这些因素的排列顺序。②建立各因素与该项综合性指标的关系。如加减关系、乘除关系、函数关系等。③测定各因素的变动对该项综合性指标的影响程度和方向。

因素分析法有不同的表现形式，连环替代法就是其中最常用的一种。

连环替代法，也称连锁替代法。它是以比较法为基础，从影响某个指标的若干相互联系的因素中，顺序地把其中一个因素作为可变，而暂时将其他因素当作不变，逐个加以替换，来测定各个因素变动对该指标影响程度的一种因素分析方法。这种分析方法计算程序如下：

（1）对影响某项经济指标的若干因素，按其依存关系排列，并将经济指标的基数（计划数或前期数）和实际数确立为两个指标体系。

（2）以基数指标体系为计算的基础，用实际数指标体系中每个因素的实际数逐步顺序地替换其基数，有多少个因素就替换多少次。替换过的固定在实际水平上，未替换过的固定在基数水平上。每次替换后，就计算出由于该因素变动所得的新结果。

（3）每次替换后，将因素变动的结果与这一因素被替换前的结果进行比较，两者的差额，就是这一因素变动对经济指标的影响程度。

（4）最后，将各因素的影响程度数值相加，其代数和应同该经济指标的实际数与基数之间的总差异数相等。

假设某项经济指标N是由相互联系的A、B、C三个因素组成，其计划指标和实际指标的组合公式如下：

计划指标　$N_0=A_0\times B_0\times C_0$

实际指标　$N_1=A_1\times B_1\times C_1$

将实际指标N_1和计划指标N_0进行差额比较，所产生的差异为$D=N_1-N_0$。该差异是A、B、C三个因素变动影响的结果。各个因素的变动对经济指标N的影响程度可顺序计算如下：

分析对象　$D=N_1-N_0$

计划指标　$N_0=A_0\times B_0\times C_0$　①

第一次替代　$N_2=A_1\times B_0\times C_0$　②

第二次替代　$N_3=A_1\times B_1\times C_0$　③

实际指标　$N_1=A_1\times B_1\times C_1$　④

计算各因素变动对经济指标N的影响程度：

②式减①式，即$N_2-N_0=(A_1-A_0)\times B_0\times C_0$，是由于A因素变动所产生的差异；

③式减②式，即$N_3-N_2=(B_1-B_0)\times A_1\times C_0$，是由于B因素变动所产生的差异；

④式减③式，即$N_1-N_3=(C_1-C_0)\times A_1\times B_1$，是由于C因素变动所产生的差异。

把各因素变动的影响程度综合起来，也就是把各因素变动所产生的差异合计后，正好等于分析对象D，即：

$(N_2-N_0)+(N_3-N_2)+(N_1-N_3)=N_1-N_0=D$

下面举例说明连环替代法的应用。

【例13-1】　淮河企业2004年5月计划及实际资料如表13-1所示：

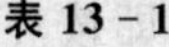

表 13-1 人工费用分析资料表

项目	产品产量（件）	单位产品工时定额（小时）	小时工资率（元/时）	人工费用总额（元）
定额数	150	3.5	20	10 500
实际数	160	3.0	22	10 560

该企业人工费用实际数与计划数的总差异为 10 560－10 500＝60 元，导致这一差异形成的因素共有三项：产品产量、单位产品工时定额和小时工资率。

根据上述资料计算分析如下：

基 数 指 标：150×3.5×20＝10 500（元）

第一次替代：160×3.5×20＝11 200（元）

第一项因素的影响程度（由于产量增加使得人工费用增加）：

11 200－10 500＝＋700（元）

第二次替代：160×3.0×20＝ 9 600（元）

第二项因素的影响程度（由于单位产品工时定额下降使得人工费用下降）：

9 600－11 200＝－1 600（元）

第三次替代：160×3.0×22＝10 560（元）

第三项因素的影响程度（由于小时工资率增加使得人工费用增加）：

10 560－9 600＝＋960（元）

三项因素影响的差异总额为：＋700－1 600＋960＝＋60 元，正好等于该项指标实际数与计划数的总差异。

应用连环替代法时，要注意以下几点：

（1）要注意组成因素的相关性。影响经济指标体系的各组成因素与经济指标必须在客观上具有因果关系。

（2）要注意替代计算的顺序性。影响经济指标体系的各组成因素对经济指标的影响程度，必须顺序连环地逐一进行替代计算，即按环比计算，将每一因素变动替代计算结果同前一次替代计算结果对比，而不能采用定基比计算。否则，所计算的各组成因素的影响程度之和，就不能等于影响经济指标体系的总差异数。

以上所述，只是在成本报表分析中常用的几种数量分析方法。此外，还可以根据分析的目的和要求，采用分组分析法、平衡分析法、量本利分析法等其他数量分析法。

第三节　产品生产成本表的编制和分析

一、产品生产成本表的编制

产品生产成本表是反映企业在一定时期内所生产的全部产品的总成本及主要产品单位成本和总成本的报表。它既可以按照产品品种计算反映，也可以按照成本项目计算反映。

（一）产品生产成本表的作用

产品生产成本表的作用主要表现在以下几个方面：

(1) 可以反映企业报告期内全部产品的总成本及主要产品的单位成本和总成本；

(2) 可以考核企业各种产品成本计划的执行情况；

(3) 可以了解企业可比产品成本降低任务的完成情况；

(4) 可以为预测未来产品成本水平，合理制定目标成本提供依据。

（二）产品生产成本表的结构

由于产品生产成本表既可以按照产品品种计算反映，也可以按照成本项目计算反映，因此，对其结构分别介绍如下：

1. 按照产品品种计算的产品生产成本表

该表是反映企业在一定时期内所生产的可比产品和不可比产品的总成本和单位成本的报表。它一般被规定为年度（或季度）报表，于年终（或季终）后编制呈报。按照产品品种计算的产品生产成本，是指企业在一定时期内生产完工的可以对外销售的产成品、劳务或外售自制半成品的成本。这些生产完工的产品可以区分为可比产品和不可比产品。可比产品是指企业以前年度或上年度曾经正常生产过，有完整的成本资料可以进行比较，并在本年度继续生产的产品。不可比产品是指企业本年度初次生产的新产品或在以前年度生产过，但仅属试制而未正式投入生产的产品，且缺乏可比的成本资料。对可比产品来说，实际成本降低额和实际成本降低率是将本年度的实际成本同上年度的实际成本相比较而计算出来的，所以，表中不仅要列示本年度的计划成本和实际成本，而且还要列示上年度的实际成本。对不可比产品来说，因没有上年度的实际成本可列示比较，所以只列示本年度的计划成本和实际成本。该表格式如表 13－2 所示。

该表分为基本报表和补充资料两部分。基本报表的纵向部分按可比产品和不可比产品分别设置。基本报表的横向部分按实际产量、单位成本、本月总成本和本年累计总成本分别列示。同时，为了反映企业当年成本计划完成情况，还按各种可比产品和不可比产品的计划单位成本、本月和本年累计按计划单位成本计算的总成本分别列示。为了计算企业可比产品成本降低额和降低率，还按可比产品上年实际平均单位成本、本月和本年累计按上年实际平均单位成本计算的总成本分别列示。补充资料部分列示了可比产品成本降低额和可比产品成本降低率。

表 13－2　　　　产品生产成本表（按产品品种反映）

编制单位：　　　　　　2004 年 12 月　　　　　　单位：元

产品名称	规格	计量单位	实际产量		单位成本				本月总成本			本年累计总成本		
			本月	本年累计	上年实际平均	本年计划	本月实际	本年累计实际平均	按上年实际平均单位成本计算	按本年计划单位成本计算	实际成本	按上年实际平均单位成本计算	按本年计划单位成本计算	实际成本
			①	②	③	④	⑤＝⑨÷①	⑥＝⑫÷②	⑦＝①×③	⑧＝①×④	⑨	⑩＝②×③	⑪＝②×④	⑫
一、可比产品合计	×	×	×	×	×	×	×	×	4 600	4 400	4 360	57 200	54 600	54 580
其中： 甲 1.		件	20	240	180	175	170	172	3 600	3 500	3 400	43 200	42 000	41 280
乙 2.		台	10	140	100	90	96	95	1 000	900	960	14 000	12 600	13 300
3.														
二、不可比产品合计	×	×	×	×	×	×	×	×	×	1 500	1 580	×	15 000	16 000
其中： 丙 1.		件	10	100	×	150	158	160	×	1 500	1 580	×	15 000	16 000
2.														
全部产品生产成本	×	×	×	×	×	×	×	×	×	5 900	5 940	×	69 600	70 580
补充资料	1. 可比产品成本实际降低额 2 620 元，计划降低额为 2 500 元。 2. 可比产品成本实际降低率 4.58％，计划降低率 4.9％。													

2. 按照成本项目计算的产品生产成本表

该表是反映企业在一定时期内所生产的全部产品和可比产品的总成本（分成本项目）构成情况的报表。按照成本项目计算的产品生产成本，是指企业在一定时期内生产完工的可以对外销售的产成品、劳务或外售自制半成品的成本，只不过是将全部产品和可比产品的成本按照成本项目分别分项列示。成本项目可以设置直接材料、直接人工和制造费用等项目。该表的格式如表 13－3 所示。

表 13－3　　　　产品生产成本表（按成本项目反映）

编制单位：　　　　　　2004 年 12 月　　　　　　单位：元

成本项目	本月数					本年累计数				
	全部产品成本		其中：可比产品成本			全部产品成本		其中：可比产品成本		
	按本年计划单位成本计算	实际成本	按上年实际平均单位成本计算	按本年计划单位成本计算	实际成本	按本年计划单位成本计算	实际成本	按上年实际平均单位成本计算	按本年计划单位成本计算	实际成本
直接材料	4 320	4 310	3 400	3 310	3 240	51 020	51 420	42 200	41 020	40 720
直接人工	960	960	700	660	700	11 280	11 600	8 800	8 280	8 800
制造费用	630	670	500	430	420	7 300	7 560	6 200	5 300	5 060
合计	5 910	5 940	4 600	4 400	4 360	69 600	70 580	57 200	54 600	54 580

该表的纵向部分按成本项目分别设置。横向部分有本月数和本年累计数两大栏，分别按全部产品成本和可比产品成本反映。为了反映企业成本计划完成情况，全部产品成本和可比产品成本都设有“按本年计划单位成本计算”和“实际成本”两栏目。为了反映可比产品成本降低情况，还设有“按上年实际平均单位成本计算”栏目。

（三）产品生产成本表的编制方法

该表主要根据企业生产计划、生产统计表、产品成本计划、生产成本明细账及产品成本计算表等资料编制。它通常于年终（或季终）编制呈报。

1. 按照产品品种计算的产品生产成本表的编制

（1）“产品名称”栏应按企业确定的可比产品和不可比产品的品种分别列示，并分别注明各种产品的名称、规格和计量单位。

（2）“实际产量”栏中的“本月”和“本年累计”数字应根据产量统计资料，按本月和从年初起到本月末止的各种产品实际产量分别列示。

（3）“单位成本”栏中的“上年实际平均”数字应根据企业上年 12

月份同表同栏的本年累计实际平均单位成本填列。

(4)“单位成本”栏中的“本年计划”数字应根据企业本年度产品成本计划表的资料填列。

(5)“单位成本”栏中的“本月实际”数字应根据企业各种产品的本月实际成本除以本月实际产量计算填列。

(6)“单位成本”栏中的“本年累计实际平均”数字应根据本表中各种产品的本年累计实际总成本除以本年累计实际产量计算填列。

(7)“本月总成本”栏中的“按上年实际平均单位成本计算”数字，应根据本表中各种产品的本月实际产量乘以上年实际平均单位成本计算填列。

(8)“本月总成本”栏中的“按本年计划单位成本计算”数字，应根据本表中各种产品的本月实际产量乘以本年计划单位成本计算填列。

(9)“本月总成本”栏中的“本月实际”数字应根据本月各种产品生产成本明细账提供的资料填列。

(10)“本年累计总成本”栏中的“按上年实际平均单位成本计算”数字，应根据本表中各种产品的本年累计实际产量乘以上年实际平均单位成本计算填列。

(11)“本年累计总成本”栏中的“按本年计划单位成本计算”数字，应根据本表中各种产品的本年累计实际产量乘以本年计划单位成本计算填列。

(12)“本年累计总成本”栏中的“本年实际”数字应根据本年各种产品生产成本明细账提供的资料填列。

(13)“补充资料”可根据会计核算、统计核算等资料计算填列。其中可比产品成本降低额和降低率可以按照下列公式计算填列：

$$\text{可比产品成本计划降低额} = \sum \left(\text{计划产量} \times \text{上年实际平均单位成本} \right)$$

$$-\sum\left(\text{计划产量}\times\begin{matrix}\text{本年计划}\\\text{单位成本}\end{matrix}\right)$$

$$\begin{matrix}\text{可比产品成本}\\\text{计划降低率}\end{matrix}=\begin{matrix}\text{可比产品成本}\\\text{计划降低额}\end{matrix}/\sum\left(\begin{matrix}\text{计划}\\\text{产量}\end{matrix}\times\begin{matrix}\text{上年实际平}\\\text{均单位成本}\end{matrix}\right)\times100\%$$

$$\begin{matrix}\text{可比产品成本}\\\text{实际降低额}\end{matrix}=\sum\left(\begin{matrix}\text{实际}\\\text{产量}\end{matrix}\times\begin{matrix}\text{上年实际平}\\\text{均单位成本}\end{matrix}\right)-\sum\left(\begin{matrix}\text{实际}\\\text{产量}\end{matrix}\times\begin{matrix}\text{本年实际}\\\text{单位成本}\end{matrix}\right)$$

$$\begin{matrix}\text{可比产品成本}\\\text{实际降低率}\end{matrix}=\begin{matrix}\text{可比产品成本}\\\text{实际降低额}\end{matrix}/\sum\left(\begin{matrix}\text{实际}\\\text{产量}\end{matrix}\times\begin{matrix}\text{上年实际平}\\\text{均单位成本}\end{matrix}\right)\times100\%$$

2. 按照成本项目计算的产品生产成本表的编制

(1)“本月数”栏中的“全部产品成本”内“按本年计划单位成本计算”数字，应以本年产品成本计划中各种产品分成本项目的计划单位成本与本月各种产品的实际产量相乘，先计算出各种产品分成本项目的总成本，然后再将各种产品相同成本项目进行汇总，即可求得。

(2)“本月数”栏中的“全部产品成本”内“实际成本”数字，应根据本月各种产品的成本计算表分析计算填列。

(3)“本月数”栏中的“可比产品成本”内“按上年实际平均单位成本计算”数字，应以各种可比产品的本月实际产量与上年实际平均单位成本（分成本项目）相乘，先计算出各种可比产品分成本项目的总成本，然后，再将各种可比产品相同成本项目进行汇总，即可求得。

(4)“本月数”栏中的“可比产品成本”内“按本年计划单位成本计算”数字，应以本年产品成本计划中各种可比产品的分成本项目的计划单位成本与本月各种产品的实际产量相乘，先计算出各种可比产品成本项目的总成本，然后再将各种可比产品相同成本项目进行汇总，即可求得。

(5)“本月数”栏中的“可比产品成本”内“实际成本”数字应根据本月各种可比产品的成本计算表分析计算填列。

(6)“本年累计数”中各栏的填写方法，与“本月数”各栏的填写方法基本相同。在填写时，只要注意按照截至本月累计的产品产量和分成本项目的实际成本计算。

二、产品生产成本表的分析

产品生产成本表的分析，主要是全部产品成本计划的完成情况分析和可比产品成本降低目标的完成情况分析。

（一）全部产品生产成本计划完成情况的分析

工业企业的全部产品通常可分为可比产品和不可比产品两部分。由于不可比产品没有以前年度的成本核算资料，所以，全部产品生产成本的分析不能用本年实际总成本与上年实际总成本对比，只能用本年实际总成本同本年计划总成本进行比较。在比较分析时，又由于实际总成本是以实际产量乘以实际单位成本计算的，而计划总成本是以计划产量乘以计划单位成本计算的，这样，总成本的升降不仅受到单位成本变动的影响，而且还受到产量变动的影响。为了使成本指标具有可比性，在分析全部产品生产成本计划完成情况时，应剔除产量变动对成本计划完成情况的影响，对实际总成本、计划总成本一律按实际产量来计算。

全部产品生产成本计划完成情况的分析，是一种总括性的分析，它可以分别按产品品种和成本项目两方面来进行。

1. 按产品品种分析

全部产品按产品品种分析，是根据全部产品按产品品种分别编制的产品生产成本计划表和产品生产成本表进行的。其分析目的，是确定哪些产品成本升高，哪些产品成本降低，升高或降低的幅度有多大，进而找出重点产品，为进一步深入分析指明方向。

【例 13-2】 某企业 2004 年度有关成本分析资料如表 13-2 和表 13-3 所示。根据产品生产成本计划表（见表 13-4）和产品生产成本表（见表 13-2），可以编制下列产品生产成本分析表，如表 13-5 所示，以观察全部产品生产成本计划完成情况。

表 13－4 产品生产成本计划表（按产品品种反映）

编制单位： 2004 年度 单位：元

产品名称	规格	计量单位	计划产量	单位成本/（元/件）		总成本		成本降低任务	
				上年实际平均	本年计划	按上年实际平均单位成本计算	按本年计划单位成本计算	降低额	降低率（%）
			①	②	③	④＝①×②	⑤＝①×③	⑥＝④－⑤	⑦＝⑥÷④
一、可比产品合计	×	×	×	×	×	51 000	48 500	2 500	4.9
其中： 1. 甲 2. 乙 3.		 件 台	 200 150	 180 100	 175 90	 36 000 15 000	 35 000 13 500	 1 000 1 500	 2.78 10.0
二、不可比产品合计	×	×	×	×	×	×	15 000	×	×
其中： 1. 丙 2.		 件	 100	 ×	 150	 ×	 15 000	 ×	 ×
全部产品生产成本	×	×	×	×	×	×	63 500	×	×

表 13－5　　**产品生产成本分析表（按产品种类反映）**

编制单位：　　　　2004 年度　　　　单位：元

产品名称	规格	计量单位	产量		单位成本(元/件)			本年累计总成本			差异额	
			计划	实际	上年实际平均	本年计划	本年实际平均	按上年实际平均单位成本计算	按本年计划单位成本计算	本年实际	比上年实际	比本年计划
			①	②	③	④	⑤	⑥＝②×③	⑦＝②×④	⑧＝②×⑤	⑨＝⑧－⑥	⑩＝⑧－⑦
一、可比产品合计	×		×	×	×	×	×	57 200	54 600	54 580	－2 620	－20
其中：												
1. 甲		件	200	240	180	175	172	43 200	42 000	41 280	－1 920	－720
2. 乙		台	150	140	100	90	95	14 000	12 600	13 300	－700	＋700
3.												
二、不可比产品合计	×	×	×	×	×	×	×	×	15 000	16 000	×	＋1 000
其中：												
1. 丙		件	100	100		150	160	×	15 000	16 000	×	＋1 000
2.												
全部产品生产成本	×	×	×	×	×	×	×	×	69 600	70 580	×	＋980

从产品生产成本分析表（见表 13－5）中，可以看出：

第一，全部产品实际总成本比计划总成本升高 980 元。其中，可比产品实际成本比计划成本降低了 20 元，而不可比产品实际成本比计划成本却升高了 1 000 元，应注意分析丙产品实际成本升高的具体原因。

第二，可比产品实际成本比计划成本降低了 20 元。其中：甲产品实际成本比计划成本降低了 720 元，而乙产品实际成本比计划成本却升高了 700 元，应注意分析乙产品实际成本升高的具体原因。

第三，不可比产品实际成本比计划成本升高 1 000 元，应进一步查明原因，是本年初次生产的丙产品计划单位成本定得偏低，还是生产工艺掌握不好，技术不熟练而引起材料消耗、工时耗费超过定额或废品率过高。

通过上述分析可知，企业全部产品生产成本没有完成计划，但生产比重很大的可比产品的成本计划却已完成，取得了成绩。而可比产品中的乙产品和不可比产品中的丙产品未完成成本计划，存在一定的问题，应进一步查明原因。

2. 按成本项目分析

对全部产品生产成本计划完成情况进行分析以后，还需要对全部产品生产成本按成本项目进行分析，以便进一步分析成本计划完成与否的原因，并寻求降低成本的途径。全部产品生产成本按成本项目分析，是根据全部产品按成本项目分别编制的产品计划单位成本和产品生产成本表进行的，其分析目的是确定哪些成本项目数额超支，哪些成本项目数额降低，超支或降低的数额有多大，继而找出重点成本项目，为进一步深入分析指明方向。

【例 13－3】　某企业 2004 年度所提供的产品生产成本表（按成本项目反映），即表 13－3，及各产品计划单位成本等有关成本资料编制产品生产成本分析表（按成本项目），如表 13－6 所示。

从全部产品生产成本分析表 13－6 中可以看出：

第一，全部产品实际总成本比计划总成本升高 980 元，其中：直接材料项目比计划升高 400 元，直接人工项目比计划升高 320 元，制造费用项目比计划升高 260 元。三个成本项目均未完成计划，应进一步查明原因。

第二，可比产品实际成本比计划成本降低了 20 元，其中，直接材料项目比计划降低 300 元，直接人工项目比计划升高 520 元，制造费用项目比计划降低 240 元。应注意分析可比产品直接人工项目比计划升高的原因。

表 13-6　　产品生产成本分析表（按成本项目反映）

编制单位：　　　　2004 年度　　　　单位：元

成本项目	全部产品成本（按实际产量计算）			可比产品成本					不可比产品成本计划差异额
	按计划单位成本计算	按实际单位成本计算	实际比计划差异额	按上年实际平均单位成本计算	按计划单位成本计算	按实际单位成本计算	本年实际比上年实际差异额	本年实际比本年计划差异额	
	①	②	③=②-①	④	⑤	⑥	⑦=⑥-④	⑧=⑥-⑤	⑨=③-⑧
直接材料	51 020	51 420	+400	42 200	41 020	40 720	-1 480	-300	+700
直接人工	11 280	11 600	+320	8 800	8 280	8 800	0	+520	-200
制造费用	7 300	7 560	+260	6 200	5 300	5 060	-1 140	-240	+500
合计	69 600	70 580	+980	57 200	54 600	54 580	-2 620	-20	+1 000

第三，可比产品实际成本比上年实际成本降低了 2 620 元，其中：直接材料项目比上年降低 1 480 元，直接人工项目与上年持平，制造费用项目比上年降低 1 140 元。一般来说，该企业降低成本工作是有成绩的。

第四，企业全部产品实际总成本比计划总成本升高 980 元，原因在于可比产品实际成本比计划成本降低了 20 元，不可比产品实际成本比计划成本升高 1 000 元。其中，直接材料项目比计划升高 700 元，直接人工项目比计划降低 200 元，制造费用项目比计划升高 500 元。应注意分析不可比产品的直接材料项目和制造费用项目升高的原因。

（二）可比产品成本降低任务完成情况的分析

企业在对全部产品成本进行一般分析以后，还要对可比产品成本进行分析。通过对可比产品成本的分析，观察可比产品成本的变动情况及其趋势，以进一步弄清成本升降的真正原因。

对于可比产品成本，不仅要把本年实际成本与本年计划成本进行对比，而且还要把本年实际成本与上年实际成本进行对比。由于上年实际成本是个真实的历史数据，且一般来说，可比产品又常常是企业的主要产品，因而把可比产品的本年实际成本既与上年实际成本进行对比，又与本年计划成本进行对比，往往要比把全部产品的实际成本同本年计划成本相比更为重要。这样做对于企业不断总结经验，挖掘潜力，有着十分重要的意义。

在企业成本计划中，对可比产品不仅规定了计划总成本，而且还规定了成本降低任务的指标。可比产品成本降低任务就是指将成本计划中规定的本年可比产品计划总成本，同按计划产量和上年实际平均单位成本计算的上年实际总成本相比较后所确定的可比产品成本计划降低额和降低率。可比产品成本降低任务完成情况的分析，就是将可比产品的实际总成本同按实际产量和上年实际平均单位成本计算的上年实际总成本相比较，以确定可比产品成本实际降低额和降低率。然后，再将此结果同成本计划中规定的可比产品成本计划降低额和降低率相比较，以考核企业可比产品成本降低任务的完成情况。

1. 可比产品成本降低额和降低率的确定

成本降低额是用绝对数反映企业通过降低成本所实现的节约额多少，而成本降低率是用相对数来表明成本降低的程度。企业可比产品成本计划或实际降低额和降低率，都是在与上年实际成本对比后计算出来的。下面就依据产品生产成本计划表（见表 13－4）和产品生产成本表（见表 13－2）所提供的资料编制可比产品成本变动分析表（见表 13－7），来说明可比产品成本降低额和降低率的确定。

表 13－7　　　可比产品成本变动分析表

编制单位：　　　　　　2004 年度　　　　　　单位：元

产品名称	规格	计量单位	产量		单位成本			本年计划总成本（按计划产量计算）	
			计划	实际	上年实际平均	本年计划	本年实际	按上年实际平均单位成本计算	按本年计划单位成本计算
			①	②	③	④	⑤	⑥＝①×③	⑦＝①×④
甲产品		件	200	240	180	175	172	36 000	35 000
乙产品		台	150	140	100	90	95	15 000	13 500
合计	×	×	×	×	×	×	×	51 000	48 500

（续表）

产品名称	本年实际总成本（按实际产量计算）			降低额			降低率（%）		
	按上年实际平均单位计算	按本年计划单位成本计算	按本年实际单位成本计算	计划	实际	差异	计划	实际	差异
	⑧＝②×③	⑨＝②×④	⑩＝②×⑤	⑪＝⑥－⑦	⑫＝⑧－⑩	⑬＝⑫－⑪	⑭＝⑪÷⑥	⑮＝⑫÷⑧	⑯＝⑮－⑭
甲产品	43 200	42 000	41 280	1 000	1 920	＋920	2.777 8	4.444 4	＋1.666 67
乙产品	14 000	12 600	13 300	1 500	700	－800	10	5	－5
合计	57 200	54 600	54 580	2 500	2 620	＋120	4.901 96	4.580 42	－0.321 5

表中：

可比产品成本计划降低额 $=\sum$（计划产量 × 上年实际平均单位成本）$-\sum$（计划产量 × 本年计划单位成本）

＝［（200×180）＋（150×100）］－［（200×175）＋（150×90）］＝2 500（元）

可比产品成本计划降低率 ＝ 可比产品成本计划降低额 $/\sum$（计划产量 × 上年实际平均单位成本）×100%

＝2 500/［（200×180）＋（150×100）］×100%

＝4.901 96%

$$\text{可比产品成本实际降低额}=\sum\left(\text{实际产量}\times\text{上年实际平均单位成本}\right)-\sum\left(\text{实际产量}\times\text{本年实际单位成本}\right)$$

$$=[(240\times180)+(140\times100)]-[(240\times172)+(140\times95)]=2\,620\text{（元）}$$

$$\text{可比产品成本实际降低率}=\text{可比产品成本实际降低额}/\sum\left(\text{实际产量}\times\text{上年实际平均单位成本}\right)\times100\%$$

$$=2\,620/[(240\times180)+(140\times100)]\times100\%$$

$$=4.580\,42\%$$

可比产品成本降低任务完成情况分析的目的，就是要查明本年可比产品实际成本比上年实际成本的降低额 2 620 元、降低率 4.580 42%，与计划降低额 2 500 元、计划降低率 4.901 96%之间的差异，即成本降低额增加 120 元（2 620－2 500），降低率减少 0.321 5%（4.580 42%－4.901 96%）的原因。

2. 影响可比产品成本降低任务完成情况的因素

（1）产品产量因素。产量变动必然会直接影响成本降低额，但是降低率不受产量影响，因为品种结构不变，说明各种产品的产量计划完成程度都相同。在计算成本降低率时，分子、分母都具有相同的产量增减比例而不变。由此可见，在其他因素不变的条件下，产品产量的变动只影响产品成本降低额，而不影响成本降低率。

（2）产品品种结构因素。产品品种结构变动通常有两种情况，一种是由于没完成产品品种计划而引起的，另一种是在完成了产品品种计划的基础上，由于存在超额完成的现象所造成。只要产品品种结构发生变动，可比产品成本降低额和降低率就会发生变化。

（3）产品单位成本因素。可比产品成本计划或实际降低任务的指标均是以上年实际平均单位成本作为计算基础的。因此，可比产品成本降低任务的完成程度，实际上是各种产品单位成本发生变动所造成的。产品单位成本的实际数比计划数降低越多，成本降低额和成本降低率就越大；反之，成本降低额和成本降低率也就越小。

3. 可比产品成本降低任务完成情况的因素分析

(1) 产品产量变动的影响。产品产量变动对成本降低额影响的计算公式如下：

$$\text{产品产量变动对成本降低额的影响}=[\sum(\text{实际产量}\times\text{上年实际平均单位成本})-\sum(\text{计划产量}\times\text{上年实际平均单位成本})]\times\text{计划降低率}$$

根据可比产品成本分析表中的有关资料，按照上列公式计算如下：

产品产量变动对成本降低额的影响＝｛[(240×180)＋(140×100)]－[(200×180)＋(150×100)]｝×4.901 96%＝(57 200－51 000)×4.901 96%＝＋303.92 元

(2) 产品品种结构变动的影响。产品品种结构变动对成本降低额影响的计算公式如下：

$$\text{产品品种结构变动对成本降低额的影响}=[\sum(\text{实际产量}\times\text{上年实际平均单位成本})-\sum(\text{实际产量}\times\text{本年计划单位成本})]-\sum(\text{实际产量}\times\text{上年实际平均单位成本})\times\text{计划降低率}$$

根据可比产品成本分析表中的有关资料，按照上列公式计算如下：

产品品种结构变动对成本降低额的影响＝[(240×180)＋(140×100)]－[(240×175)＋(140×90)]－[(240×180)＋(140×100)]×4.901 96%＝(57 200－54 600)－57 200×4.901 96%＝－203.92(元)

产品品种结构变动对成本降低率影响的计算公式如下：

$$\text{产品品种结构变动对成本降低率的影响}=\text{产品品种结构变动对成本降低额影响数}/\sum(\text{实际产量}\times\text{上年实际平均单位成本})\times100\%$$

根据有关资料，按照上列公式计算如下：

$$\text{产品品种结构变动对成本降低率的影响} = -203.92 / [(240\times180)+(140\times100)]\times100\% = -0.3565\%$$

（3）产品单位成本变动的影响。产品单位成本变动对成本降低额的影响的计算公式如下：

$$\text{产品单位成本变动对成本降低额的影响} = \sum(\text{实际产量}\times\text{本年计划单位成本}) - \sum(\text{实际产量}\times\text{本年实际单位成本})$$

根据可比产品成本变动分析表中的有关资料，按照上列公式计算如下：

$$\text{产品单位成本变动对成本降低额的影响} = [(240\times175)+(140\times90)] - [(240\times172)+(140\times95)] = (54\,600-54\,580) = +20\ (\text{元})$$

产品单位成本变动对成本降低率的影响的计算公式如下：

$$\text{产品单位成本变动对成本降低率的影响} = \text{产品单位成本变动对成本降低额的影响数} / \sum(\text{实际产量}\times\text{上年实际平均单位成本})\times100\%$$

根据可比产品成本变动分析表中的有关资料，按照上列公式计算如下：

$$\text{产品单位成本变动对成本降低率的影响} = +20/[(240\times180)+(140\times100)]\times100\% = +0.035\%$$

综合以上分析，超计划降低成本 120 元的原因可归纳为：

产品产量变动对成本降低额的影响	+303.92 元
产品品种结构变动对成本降低额的影响	－203.92 元
产品单位成本变动对成本降低额的影响	+20.00 元
合　计	+120.00 元

成本降低率从计划 4.901 9%下降到 4.580 4%，下降了 0.321 5%，是由于以下原因：

产品品种结构变动对成本降低率的影响	−0.356 5%
产品单位成本变动对成本降低率的影响	+0.235%
合　计	−0.321 5%

（三）不可比产品成本计划完成情况的分析

对不可比产品实际成本进行分析，主要是以本年计划成本为衡量标准，分析实际与计划之间差异的具体分析内容和方法，前面已作过介绍，在此不再赘述。需要补充说明的是：企业在分析时，应特别注意检查不可比产品成本的真实性，即看是否存在人为地把应属于可比产品成本负担的费用挤进不可比产品成本的现象。在分配共同性费用时，看有无对可比产品少分配，对不可比产品多分配，针对不可比产品成本计划，看是否切合实际。

第四节　主要产品单位成本表的编制和分析

一、主要产品单位成本表的编制

主要产品单位成本表是反映企业在一定时期内所生产的各种主要产品单位成本的构成及其变动情况的报表。所谓主要产品，是指企业经常生产的并在企业全部产品中所占比重较大且能概括反映企业生产经营状况的那部分产品。由于产品生产成本表只列示各种主要产品的总成本和单位成本的总数，不能反映各种主要产品单位成本的构成情况，所以，唯有通过编制主要产品单位成本表，并作为产品生产成本表的补充报表，才能达到完整、准确地反映和分析产品生产成本的构成及其变动情况的目的。

（一）主要产品单位成本表的作用

主要产品单位成本表的作用有：①可以从成本项目角度考核主要产品单位成本计划的完成情况；②可以观察主要产品单位成本的构成及其变动情况；③可以分析主要产品的主要技术经济指标的执行情况；④可以查明主要产品单位成本升降的具体原因。

（二）主要产品单位成本表的结构

该表一般可以分设为三个部分：按照成本项目计算的某主要产品单位成本；按照主要原材料细目计算的单位产品材料耗用量及其金额情况；补充资料。该表格式如表 13－8 所示。

表 13－8　　主要产品单位成本表

2004 年 12 月

产品名称和规格：甲产品　　计量单位：件　　单位：元

成本项目			先进企业单位成本		本企业单位成本										补充资料
					历史先进水平		上年实际水平		本年计划		本月实际		本年累计平均		
直接材料							135		133		128		130		一、实际产量 1. 本月：20 2. 本年累计：200　二、计划产量 1. 本月：15 2. 本年累计：200　三、成本费用利润率 1. 上年实际 2. 本年实际 四、销售利润率 1. 上年实际 2. 本年实际五、存货周转率 1. 上年实际 2. 本年实际
直接人工							25		24		25		25		
制造费用							20		18		17		17		
产品生产成本							180		175		170		172		
主要材料实际单耗	品名	计量单位	用量	金额	用量	金额	用量	金额	用量	金额	用量	金额	用量	金额	
	A	千克					9	99							
	B	千克					4	36							
	合计						×	135							
	工时						25	25							

该表第一部分按照成本项目计算的某主要产品单位成本分别列示了先进企业单位成本、历史先进水平、上年实际平均单位成本、本年计划单位成本、本月实际单位成本和本年累计实际平均单位成本；第二部分

按照主要原材料细目计算的单位产品材料耗用情况分别列示了先进企业和本企业在不同时期的耗用数量和金额；第三部分为补充资料，主要包括实际产量、计划产量、成本费用利润率、销售利润率、存货周转率等经济指标数据。

（三）主要产品单位成本表的编制方法

该表一般被规定为月、季、年报。主要根据生产统计、主要产品成本计划、产品生产成本表、生产成本明细账以及产品材料消耗等资料来编制。该表的编制方法如下：

（1）“成本项目”栏，一般设置直接材料、直接人工和制造费用项目，也可根据需要增设燃料和动力、废品损失和停工损失等项目。

（2）“先进企业单位成本”栏，应根据同行业先进企业同种产品单位成本的先进指标分成本项目填列。

（3）“本企业单位成本”栏中的“历史先进水平”数字，是按成本项目，根据企业历年成本资料选择历史上该产品单位成本的最高水平填列。

（4）“本企业单位成本”栏中的“上年实际平均”数字，是按成本项目根据企业上年度的成本资料填列。

（5）“本企业单位成本”栏中的“本年计划”数字，是按成本项目，根据本年计划资料填列。

（6）“本企业单位成本”栏中的“本月实际”数字，是按成本项目，根据本月实际成本资料填列。

（7）“本企业单位成本”栏中的“本年累计实际平均”数字，应根据本年1月至本月为止该种产品的各成本项目总成本除以累计产量后的商数填列。

（8）“主要原材料实际单耗”项目反映主要原材料的消耗情况。不同的产品，耗用原材料的品种、规格和数量也不同。该项目应根据构成产品实体的主要原材料细目来确定。单位产品耗用的主要原材料，按照先进企业水平、本企业历史先进水平、上年实际、本年计划和本期实际分别计算。先进企业水平可根据市场调研所掌握的资料填列；历史先进水平，应根据本企业历史资料填列；上年实际，根据上年度报表资料填列；本年计划，根据本年成本计划资料填列；本月实际和本年累计实际根据本年度实际成本资料填列。

(9) 补充资料部分。实际产量根据生产统计资料填列；计划产量根据计划资料填列；成本费用利润率等经济指标根据上年和本年的会计核算资料分析计算填列。

二、主要产品单位成本表的分析

对全部产品生产成本和可比产品成本的分析都是属于对产品成本的综合性分析。由此可以考核企业成本计划完成情况，揭示成本变动的趋势，寻求降低成本的途径。这是必要的，但是还不够。因为在综合分析中，是以产品总成本作为分析对象，从成本平均水平出发，略去了各种产品成本的具体差异和各种具体因素，所以，还不能完整地揭示影响产品成本升降的各种具体原因。为了深入地具体地研究成本计划完成情况和产品成本变动趋势，需要进一步对主要产品单位成本进行分析，把综合分析的一般认识具体到各种产品上，加以检验和提升。

在工业企业，由于生产产品的种类繁多，如果不加任何选择，对各种产品的单位成本都同等地进行详细分析，则不仅要投入较大的人力和物力，而且也易使分析缺乏重点，失去目标。因此，产品单位成本分析只能着重研究那些企业经常生产，并在产品成本中所占比重较大，能代表企业生产经营面貌的主要产品的成本，以收到事半功倍的效果。

对主要产品单位成本的分析，要求做到：结合产品生产工艺进行分析，研究生产工艺，产品结构，操作方法等改进对产品成本的影响；结合定额执行情况进行分析，研究各项定额的修订和管理对产品成本的影响；结合技术经济指标进行分析，研究生产经营管理水平对产品成本的影响。以多角度多层次的分析，充分肯定成绩，找出差距，全面分析原因，总结经验，以便进一步降低产品成本。

主要产品单位成本分析一般可从两方面进行：一是分析主要产品单位成本计划完成情况；二是主要产品单位成本各主要成本项目的因素分析。

（一）主要产品单位成本计划完成情况的分析

成本计划完成情况的分析，除了对全部产品成本计划完成情况和可比产品降低任务完成情况进行综合分析外，还应对企业主要产品的单位成本进行具体分析。这样，才能把成本分析工作从综合的、总括的、一般的分析逐步引向比较具体的、详细的、深入的分析。

主要产品单位成本计划完成情况分析，不仅要按成本项目逐项对比其计划数与实际数，而且还要求列示主要材料消耗和耗用工时的对比资料。

现根据主要产品单位成本表（见表 13 - 8），编制甲产品单位成本分析表，如表 13 - 9 所示。

表 13 - 9　　　甲产品单位成本分析表

2004 年　　　单位：元

<table>
<tr><th>成本项目</th><th colspan="2">本年计划</th><th colspan="2">本年实际</th><th colspan="2">差异额</th><th>差异率(%)</th></tr>
<tr><td>直接材料</td><td colspan="2">133</td><td colspan="2">130</td><td colspan="2">−3</td><td>−2.255 6</td></tr>
<tr><td>直接人工</td><td colspan="2">24</td><td colspan="2">25</td><td colspan="2">+1</td><td>+4.166 7</td></tr>
<tr><td>制造费用</td><td colspan="2">18</td><td colspan="2">17</td><td colspan="2">−1</td><td>−5.555 6</td></tr>
<tr><td>合计</td><td colspan="2">175</td><td colspan="2">172</td><td colspan="2">−3</td><td>−1.714 3</td></tr>
<tr><td>主要消耗材料和工时</td><td>用量</td><td>金额</td><td>用量</td><td>金额</td><td>用量</td><td>金额</td><td>×</td></tr>
<tr><td>A 材料/千克</td><td>8.9</td><td>97.90</td><td>8.783</td><td>93.10</td><td>−0.117</td><td>−4.8</td><td>−4.903</td></tr>
<tr><td>B 材料/千克</td><td>3.9</td><td>35.10</td><td>4.1</td><td>36.90</td><td>+0.2</td><td>+1.8</td><td>+5.128 2</td></tr>
<tr><td>材料合计</td><td>×</td><td>133</td><td>×</td><td>130</td><td>×</td><td>−3</td><td>−2.255 6</td></tr>
<tr><td>工时消耗</td><td>24</td><td>24</td><td>25</td><td>25</td><td>+1</td><td>+1</td><td>+4.166 67</td></tr>
</table>

以上分析表明，甲产品实际单位成本比计划降低 3 元，降低率为

1.714 3%，其主要原因是由于直接材料成本的降低。从各成本项目差异率来看，除了直接人工项目升高 4.166 7%外，直接材料项目和制造费用项目均下降，这就要进一步分析变动的原因。

（二）主要产品单位成本各成本项目的因素分析

对主要产品单位成本的直接材料、直接人工这两项直接成本的分析，都可应用因素分析法。首先把价格因素对单位成本的影响与耗用量因素对单位成本的影响分离开来。即：

耗用量差异＝（实际单位耗用量－计划单位耗用量）×计划单价

价格差异＝（实际单价－计划单价）×实际单位耗用量

然后，分直接材料项目、直接人工项目先后进行分析。

1. 直接材料项目的分析

在分析直接材料项目时，首先将各种主要材料的实际成本与计划成本相对比，查明哪些材料费用的升降较大。然后，再查明材料费用的升降原因。一般说，材料费用取决于材料消耗数量和材料价格，它们的变动对直接材料项目影响的计算公式如下：

$$\begin{matrix}\text{材料耗用量变动}\\\text{对成本的影响（量差）}\end{matrix}=\sum\left[\left(\begin{matrix}\text{实际单位}\\\text{耗用量}\end{matrix}-\begin{matrix}\text{计划单位}\\\text{耗用量}\end{matrix}\right)\times\begin{matrix}\text{材料计}\\\text{划单价}\end{matrix}\right]$$

$$\begin{matrix}\text{材料价格变动}\\\text{对成本的影响（价差）}\end{matrix}=\sum\left[\left(\begin{matrix}\text{材料实}\\\text{际单价}\end{matrix}-\begin{matrix}\text{材料计}\\\text{划单价}\end{matrix}\right)\times\begin{matrix}\text{实际单位}\\\text{耗用量}\end{matrix}\right]$$

根据甲产品单位成本分析表（见表 13－10）和材料价格资料按上列公式计算并编制甲产品直接材料变动分析表，如表 13－10 所示。

由表 13－10 可知，甲产品单位成本中直接材料成本实际比计划降低了 3 元，其中，材料单位耗用量变动对成本的影响（量差）为 0.51 元，即比计划升高 0.51 元，材料单位价格变动对成本的影响（价差）为－3.51元，即比计划降低 3.51 元。由此可见，甲产品单位成本中直接材料成本比计划降低主要是由于 A 材料单位价格降低。

表 13-10　　甲产品直接材料变动分析表

2004年12月　　单位：元

材料名称	计量单位	单耗		单价		单位产品材料成本		实际比计划		
		计划	实际	计划	实际	计划	实际	差异	量差	价差
		①	②	③	④	⑤＝①×③	⑥＝②×④	⑦＝⑥－⑤	⑧＝[②－①]×③	⑨＝[④－③]×②
A材料	千克	8.9	8.783	11	10.6	97.9	93.10	－4.8	－1.29	－3.51
B材料	千克	3.9	4.1	9	9	35.10	36.90	＋1.8	＋1.8	0
合计	×	×	×	×	×	133	130	－3	＋0.51	－3.51

当需要继续分析一些关键性材料费用时还要进一步分析材料耗用量和材料价格的差异原因，借以查明降低材料成本的具体途径。

影响材料耗用量差异的原因很多，归纳起来主要有：产品零件或部件、结构的变化，生产工艺方法的改变；原材料质量的变化，代用材料的变化；废料、边角余料回收利用情况的变化，废品数量的变化；生产工人操作和技术水平、机器设备性能的良好程度以及加工搬运中损坏等原因。

影响材料价格差异的原因通常有：材料采购价格的变动，运输途中的损耗率变动，材料加工费用的变动等。

2. 直接人工项目的分析

一般而言，产品单位成本中直接人工项目主要受单位产品工时消耗和小时工资率两个因素影响。其中，单位产品工时消耗的多少，取决于劳动生产率的高低。劳动生产率高，意味着单位产品劳动消耗低，即工时消耗少。反之，则意味着单位产品劳动消耗高，即工时消耗多。影响劳动生产率高低的原因，既有机器设备性能、材料质量、生产工艺以及产品设计改变等外因，又有生产工人的技术熟练程度、劳动纪律和劳动态度等内因。小时工资率是生产工人工资额与生产工时消耗量的比率，因此，它的高低受两方面因素的影响：一方面受生产工人工资额变动的影响，另一方面受生产工时消耗量变动的影响。它主要取决于出勤率和小时利用率的高低。单位产品工时消耗量和小时工资率同单位产品直接人工成本的关系见如下计算公式：

单位产品直接人工成本＝单位产品工时消耗量×小时工资率

单位产品工时消耗量和小时工资率的变动对单位产品直接人工成本影响的计算公式如下：

$$\text{单位产品工时消耗量变动对成本的影响}=\left(\text{实际工时消耗量}-\text{计划工时消耗量}\right)\times\text{单位产品计划工时消耗量}$$

$$\text{单位产品小时工资率变动对产品成本的影响}=\left(\text{实际小时工资率}-\text{计划小时工资率}\right)\times\text{单位产品实际工时消耗量}$$

根据甲产品单位成本分析表和人工核算资料，按上述公式计算并编制甲产品直接人工变动分析表，如表 13－11 所示。

表 13－11　　甲产品直接人工变动分析表

2004 年 12 月

项　　目	计量单位	本年计划	本年实际	差异	工时消耗变动的影响	小时工资率变动的影响
单位产品工时消耗量	h/单位产品	24	25	＋1	×	×
小时工资率	元/h	1	1	0	×	×
单位产品直接人工成本	元/单位产品	24	25	＋1	＋1	0

从表 13－11 可知，甲产品单位成本中直接人工成本实际比计划升高 1 元，其中，单位产品工时消耗量变动影响成本升高 1 元，小时工资率没有变动，影响为零。由此可见，甲产品单位成本中直接人工成本比计划升高，主要是由于单位产品工时消耗量增加。

3. 制造费用项目的分析

在产品单位成本中，制造费用项目一般受单位产品工时消耗或单位产品人工成本和小时费用率的影响。其中，单位产品工时消耗的多少取决于劳动生产率的高低，小时费用率的高低，受其费用总额变动的影响。其关系有计算公式如下：

单位产品制造费用＝单位产品工时消耗量×小时费用率

小时费用率＝制造费用总额÷生产工时消耗量

上述公式适用于企业生产多种产品的情况。如果企业生产单一产品，影响制造费用项目的因素则可转变为产品产量和制造费用总额。其计算公式如下：

单位产品制造费用＝制造费用总额÷产品产量

在本例中，企业生产多种产品。分析时，单位产品工时消耗量和小时费用率的变动对单位产品制造费用影响的计算公式如下：

单位产品工时消耗量变动对成本的影响＝（单位产品实际工时消耗量－单位产品计划工时消耗量）×计划小时费用率

小时费用率的变动对成本的影响＝（实际小时费用率－计划小时费用率）×单位产品实际工时消耗量

根据甲产品单位成本分析表、人工核算及制造费用核算资料，按上列公式计算并编制甲产品制造费用变动分析表，如表 13－12 所示。

表 13－12　　甲产品制造费用变动分析表

2004 年 12 月　　单位：元

项　目	计量单位	本年计划	本年实际	差异	工时消耗变动的影响	小时工资率变动的影响
单位产品工时消耗量	h/单位产品	24	25	＋1	×	×
小时工资率	元/h	0.75	0.68	－0.07	×	×
单位产品制造费用	元/单位产品	18	17	－1	＋0.75	－1.75

从表 13－12 可知，甲产品单位成本中制造费用实际比计划降低 1 元，其中，单位产品工时消耗量增加使单位产品制造费用升高 0.75 元。小时费用率降低，使单位产品制造费用降低 1.75 元。由此可见，甲产品单位成本中，制造费用比计划降低，主要是由于小时费用率降低。为进一步查明制造费用降低的原因，还需对制造费用明细表进行深入分析。

第五节　制造费用表和期间费用表的编制和分析

一、制造费用明细表的编制

（一）制造费用明细表的意义

制造费用明细表是具体反映工业企业在报告期内发生的各项制造费用及其构成情况的成本报表，一般只反映基本生产车间的制造费用情况。

通过编制制造费用明细表，可以按费用项目分析制造费用本年累计实际数比上年同期累计实际数的增减变化情况；可以按费用项目分析制造费用年度计划的执行情况及其变动原因；可以分析本月实际和本年累计实际制造费用的构成情况，并与上年同期实际构成情况和计划构成情况进行比较，分析制造费用构成的变化趋势及其原因。

（二）制造费用明细表的结构

制造费用明细表按费用明细项目列示。由于各行业企业的生产类型和管理要求不同，制造费用明细表的明细项目也可能不一致，所以，该表是否需要填报以及设置何种明细项目，可由企业自行规定。为便于将制造费用的本年累计实际数与本年计划数、上年同期实际数进行比较，该表应设置“本年计划数”、“上年同期实际数”、“本月实际数”、“本年累计实际数”栏目（如表13－13）所示，以考核制造费用本年预算的执行情况和费用水平的升降情况。

表 13-13　　制造费用明细表

编制单位：　　2004 年 12 月　　单位：元

费用项目	本年计划数	上年同期实际数	本月实际数	本年累计实际数
工资及福利费	78 100	7 790	6 200	78 070
折旧费	53 200	5 350	5 150	54 130
修理费	28 100	2 810	2 400	28 700
办公费	31 000	3 050	2 800	31 400
水电费	45 900	4 600	4 200	51 000
机物料消耗	28 200	2 780	2 160	29 000
劳动保护费	37 600	3 810	3 650	39 300
在产品盘亏费		470	1 660	5 650
停工损失		530		6 100
其他	58 300	5 524	3 936	28 492
合计	360 400	36 714	32 156	351 842

（三）制造费用明细表的编制

制造费用明细表既可按企业内部所有生产单位汇总编制，也可按企业内部各生产单位分别编制。编制时间既可按月编制，也可按季、年编制。该表应按规定的费用项目分为本年计划数、上年同期实际数和本年累计实际数填列。其中，本年计划数应根据企业制定的制造费用预算数填列；上年同期实际数可根据上年制造费用明细账及其报表填列；本年累计实际数应根据本年制造费用明细账的实际发生数填列。需要指出：当该表按企业内部生产单位汇总编制时，其制造费用合计数与产品生产成本表（按成本项目计算）中全部产品实际成本栏中的制造费用合计数存在着勾稽关系，即：如果企业没有自制材料、自制工具、自制设备，则该表制造费用合计数与产品生产成本表中制造费用合计数相等，反之，则不相等。

二、制造费用明细表的分析

通过对制造费用明细表的分析，不仅可以了解制造费用计划的执行情况，而且还可以了解各项费用变动的原因以及对产品成本的影响。对制造费用明细表进行分析时，采用的方法主要是对比分析法和构成比率分析法。

采用对比分析法进行分析时，通常先将本月实际数与上年同期实际数进行对比，揭示本月实际与上年同期之间的增减变化。在表中列有本月计划数的情况下，则可与本月计划数进行对比，以便分析和考核制造费用月度计划的执行结果。再将本年累计实际与本年计划数进行对比，如果该表是12月份报表，则本年累计实际数与本年计划数的差异就是全年费用计划执行的结果，如果不是12月份的报表，这两者之间的差异只是反映年度内计划执行的情况，可以观察制造费用计划执行的进度，提醒人们应该注意的问题。例如，在6月份的制造费用明细表中，发现本年累计实际数已大大超过本年计划的半数时，说明年度制造费用有可能超计划，必须加强对制造费用支出的控制，注意节约以后各月的费用开支，才有可能有效地控制全年制造费用，以免全年的实际数超过计划数。为了具体分析制造费用计划执行的情况和增减变动原因，制造费用的对比分析还应按照费用项目进行。由于制造费用的项目很多，分析时应该选择超支或节约数额较大或者费用比重较大的项目有重点地进行。

表13-13表明，本月实际制造费用32 156元低于上年同期实际数36 714元，本年累计实际数351 842元低于计划数360 400元。使制造费用节约的主要成绩在于其他费用的大幅度减少，同时工资及福利费也有所降低，其他费用项目则有所增加。要根据各个项目变动的具体情况，进一步查明原因。

各项制造费用的性质和用途不同，评价各项费用超支或节约时应联系费用的性质和用途具体分析，不能简单地将一切超支看成是不合理的、不利的，也不能简单地将一切节约看成是合理的、有利的。例如，修理费的节约，可能使机器带病运转，影响机器使用寿命；劳动保护费的节约，可能会使工人缺少必要的劳动保护措施，影响安全生产。只有在保证机器设备的维修质量和正常运转，保证安全生产的条件下节约修理费和劳动保护费才是合理的、有利的。又如，机物料消耗的超支也可能是由于追加了生产计划，增加了开工班次，相应增加了机物料消耗的结果。这样的超支也是合理的，不是成本管理失当的责任。再如，折旧费的节约是由于处置了闲置的固定资产而减少了折旧费，这样的节约并非是成本管理的结果。

此外，在分项目进行制造费用分析时，还应特别注意的是“停工损失”等非生产性的损失项目的分析。这些项目的发生额，大都是生产管理不良的结果。

进行制造费用项目增减变动分析时，同样可以使用差额分析法分析影响其变动的因素及其程度。

在采用构成比率法进行制造费用分析时，可以计算某项费用占制造费用合计数的构成比率，也可将制造费用分为与机器设备使用有关的费用（例如，机器设备的折旧费、修理费和机物料消耗等。如果动力费不专设成本项目，还应包括动力费）、与机器设备使用无关的费用（例如车间管理人员工资及福利费、办公费等），以及非生产性损失等几类，分别计算各类费用占制造费用合计数的构成比率，并可将这些构成比率与企业或车间的生产、技术的特点联系起来，分析其构成是否合理。也可以将本月实际和本年累计实际的构成比率与本年计划的构成比率和上年同期实际的构成比率进行对比，揭示其差异和与上年同期的增减变化，分析其差异和增减变化是否合理。

三、期间费用明细表的编制

企业期间费用明细表主要包括管理费用明细表、财务费用明细表和营业费用明细表。这三种费用报表的作用，在于反映费用预算的执行情况，可供分析各种费用变动的原因及其对当期损益的影响。

（一）管理费用明细表的编制

管理费用明细表是反映企业行政管理部门在一定时期内为组织和管理生产经营活动所发生的各项费用情况的报表。

该表按管理费用明细项目分别反映各种费用的本年计划数、上年同期实际数和本年累计实际数。其中：本年计划数应根据企业管理费用预算数填列；上年同期实际数应根据上年同期本表的累计实际数填列；本年累计实际数应根据管理费用明细账的本年累计发生额填列。需要注意的是，表中管理费用本年累计实际合计数应与同期损益表中管理费用项目的数额相等。

（二）财务费用明细表的编制

财务费用明细表是反映企业在一定时期内为进行资金筹集等理财活动所发生的各项费用情况的报表。该表按财务费用明细项目分别反映各种费用的本年计划数、上年同期实际数和本年累计实际数。其中：本年计划数应根据本年财务费用计划填列；上年同期实际数应根据上年同期本表的累计实际数填列；本年累计实际数应根据财务费用明细账的本年累计发生数填列。

（三）营业费用明细表的编制

营业费用明细表是反映企业在一定时期内在销售过程中为销售产品所发生的各项费用情况的报表。该表按营业费用明细项目分别反映各种费用的本年计划数、上年同期实际数和本年累计实际数。其中：本年计划数应根据本年营业费用计划填列；上年同期实际数应根据上年同期本表的累计实际数填列；本年累计实际数应根据营业费用明细账的本年累计发生数填列。

四、期间费用明细表的分析

通过对期间费用明细表的分析，不仅可以了解期间费用计划的执行情况，而且还可以了解各项费用变动的原因以及期间费用各明细项目对费用总额的影响。其分析方法与制造费用明细表的分析方法相似，主要采用对比分析法和构成比率分析法，这里不再赘述。

【本章小结】

工业企业的成本报表是内部报表，是反映工业企业一定时期成本和经营管理水平及其构成情况的书面报告文件。主要的成本报表有产品生产成本表、主要产品单位成本表和制造费用明细表等。通过成本报表可以综合概括地反映企业在一定时期内产品成本的构成及其升降变动情况，据以分析和考核成本费用计划执行结果，为企业领导、各级管理部门和职工及有关部门提供成本信息。

产品生产成本表包括按成本项目反映的成本报表与按产品种类反映的成本报表两类，分别按成本项目和产品种类反映工业企业在报告期发生的全部生产费用以及产品生产成本合计数。主要产品单位成本报表是反映企业在报告期内生产的各种主要产品单位成本构成情况的报表。该表应当按照主要产品分别编制，是商品产品成本报表中某些主要产品成本的进一步反映。制造费用明细表是反映工业企业在报告期内发生的制造费用及其构成情况的报表。上述成本报表都要依据产品成本明细账、产品成本计算单、成本计划、上年或上年同期本表及其他有关资料按照规定的方法进行编制。

为了充分利用成本报表资料，要定期对成本报表进行分析。分析的方法主要有对比分析法、比率分析法、因素分析法和差额分析法等。通过成本报表的分析，达到揭示差异、查明原因、总结经验、发现不足、提出措施、改进工作以及提高效益的目的。

【复习思考题】

1. 成本报表的概念及作用是什么?
2. 成本报表有哪些特点?如何进行分类?
3. 成本报表的编制依据和要求有哪些?
4. 什么是成本报表分析?简述成本报表分析的常用方法。
5. 什么是因素分析法?什么是连环替代法?如何用连环替代法进行因素分析?
6. 应用连环替代法应注意哪些问题?
7. 说明产品生产成本表结构及编制方法。
8. 如何进行全部产品成本计划完成情况的分析?
9. 如何进行可比产品成本降低计划完成情况的分析?
10. 说明主要产品单位成本报表的结构及编制方法。
11. 如何进行主要产品单位成本计划完成情况的分析?
12. 如何进行主要产品单位成本各主要成本项目的因素分析?
13. 简述制造费用表的编制和分析方法。
14. 简述期间费用表的编制和分析方法。

成 本 会 计

主编　孙文蓉　高　武　　　　　　责任编辑　疏利民

出　版	合肥工业大学出版社	版　次	2005年8月第1版
地　址	合肥市屯溪路193号	印　次	2009年4月第2次印刷
邮　编	230009	开　本	710毫米×1000毫米　1/16
电　话	总编室:0551—2903038	印　张	18.5
	发行部:0551—2903198	字　数	238千字
网　址	www.hfutpress.com.cn	印　刷	合肥创新印务有限公司
E-mail	press@hfutpress.com.cn	发　行	全国新华书店

ISBN 978-7-81093-226-4　　　　　定价:25.00元